千寻
Novemist

选题策划　王小花
项目编辑　王小花
版权编辑　张烨洲
装帧设计　张　然
责任印制　盛　杰
营销编辑　王雪雪

デジタルの未来図鑑

数字技术如何改变你的生活

［日］冈屿裕史 / 编著　林沁 / 译

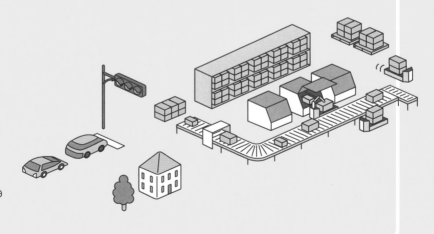

晨光出版社

在我们的生活中，数字技术随处可见。查找资料时用到的互联网，乘公共交通工具时用来支付费用的 IC 卡，以及中小学里会用到的平板电脑，都用到了数字技术。未来，这些技术一定会越来越先进，让人们的生活更方便。

这本书不仅仅是为了传达使用数字技术的方法，更要传达数字技术的原理，以及它被创造出来的理由。希望大家能够愉快地想象未来，使用数字技术来实现梦想，将灵感变成现实。

数字化

未来预想图

计算机可以
像人类一样工作

配送快递、诊断疾病、做手术等以前计算机做不到的事情，现在它都可以做到了。

坏人也变多了

数字技术让生活变得更便利，但是坏人也会对它加以利用。我们为了保护自己，就需要知道一些信息安全的原理。

万物互联

物联网是指将日常物品连入互联网，并且可以通过网络对它们进行操作。在未来，这项技术会被广泛应用。

"AI""物联网""元宇宙"是照亮未来的科技之光，它们都是通过"编程"创造出来的，是数字技术发展的产物。使用、创造这些技术时，"信息安全"也必不可少。

让我们来想象一下未来世界的样子吧！

移居到另一个"宇宙"

元宇宙是一个比现实世界更自由的互联网上的新世界。在未来，大家可以在元宇宙里玩耍、工作，做各种各样的事。

用编程实现想做的事情

所有数字技术都是以编程为基础的。掌握编程技术的人可以不断创造出梦幻般的新数字技术。随着AI技术的飞速发展，人们可以用语言描述、草图，甚至身体动作等各种自然的方式，指挥AI实现编程的效果。

什么是 AI ？

AI(Artificial Intelligence)是指能像人类一样思考和行动的计算机程序，中文名称是"人工智能"。通过训练，AI 正在变得越来越聪明，未来它将被更广泛地使用。

详细内容请看**第 1 章**（35 页开始）！➡

个性化教学

AI可以根据学生的不同水平，为其找到适合的学习方案并进行一对一辅导。它还能帮助学生练习口语呢！

识别人脸

AI可以记住人的面部特征，识别和区分不同的面孔。这项技能被应用在手机解锁、门禁解锁等安全领域。

翻译语言

AI可以迅速将英语、日语等多种语言翻译成所需语言。

诊断疾病

AI能记住疾病的特征，分析医学影像，诊断病情。

自动驾驶汽车

AI能识别路上的行人和汽车，判断道路状况，自动行驶。

无人机

无人机配合AI技术，能在无人操作的情况下工作。

什么是物联网？

物联网（Internet of Things，简称 IoT）是通过将物品联网，实现对物品更加便利地使用。在数字化的未来中，所有东西都可以联网使用。

详细内容请看**第 2 章**（59 页开始）！➡

能记录数据的足球

足球可以记录射门时的速度、移动曲线等数据，能够在训练和比赛时有效掌握情况。

检查路况的车辆

轮胎上的传感器能发现路面的损坏情况，并把这些信息发送给服务器。

监视河流的摄像头

能随时查看河流的水位、流速等状况。

在外也能操控的空调

就算出门在外，用户也可以通过互联网遥控空调，开关电源、调节温度等。

监测身体状况的手表

智能手表可以读取佩戴者的身体各项数据，并把这些数据通过互联网传到服务器上，便于佩戴者随时查看身体情况。

自动补充豆子的咖啡机

当咖啡豆快要用完时，它会自动通过互联网订购新的豆子。

掌握打扫状况的扫地机器人

扫地机器人除了能自动打扫房间，还能告诉用户打扫所花的时间、容易弄脏的地方等信息。

能查资料的智能音箱

只要向它提问，它就能帮你查找相应的答案。

今天天气怎么样？

今天晴转多云。

什么是元宇宙？

元宇宙（Metaverse）是一个区别于现实世界的网上空间。在那里，你能获得与现实世界完全不同的新奇体验。

详细内容请看**第 3 章**（79 页开始）！➡

现实世界

我们现在生活着的世界。

看我的！

嘿！

又堵车了
……

好困……

什么是信息安全?

虽然数字技术很方便,但是许多坏人也会用它做坏事,我们一不小心可能就会掉进他们设下的陷阱。在数字化的生活中,了解信息安全对保护自己的信息至关重要。

详细内容请看**第 4 章**(101 页开始)!➡

什么是编程？

简单来说，编程就是编写程序。那么，什么是程序呢？程序就像是一个容器，里面装满了想让计算机干的事——也就是指令。

详细内容请看**第 5 章**（127 页开始）！ ➡

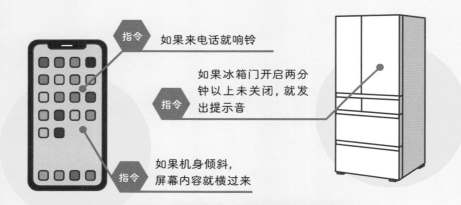

指令 如果来电话就响铃

指令 如果冰箱门开启两分钟以上未关闭，就发出提示音

指令 如果机身倾斜，屏幕内容就横过来

程序 = 给计算机的指令

从冰箱、洗衣机，到手机、红绿灯，它们都是由人们写的程序驱动的。

指令 如果开始洗衣服，就锁住洗衣机门

指令 绿灯保持90秒

指令 "洗涤"之后"脱水"

让计算机运行起来

① 决定想让它做什么

首先，决定你想要让计算机做什么，再考虑要向计算机下达什么指令。这是写程序的第一步，也是最重要的一步。

② 制作一个程序，给计算机指令

准备好想要让计算机做的事情之后，通过制作一个程序把指令告诉计算机。最新的 AI 大模型，还具有根据人类目标自主制定程序指令的能力。

③ 计算机根据指令运行

计算机会根据程序来运转。想要让计算机顺利地工作，最重要的是正确有效地把第一步里你想让它做的事传达给计算机。

目录

第2章   这个东西那个东西全都连上网
物联网

第3章 网络上的"另一个世界"
元宇宙

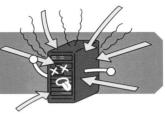

第4章 数字世界里也有很多坏人 信息安全

第5章 让计算机运转起来吧! 编程

chapter 0
第0章

只有 0 和 1 的奇妙世界

数字化的基础

在探索数字化的未来之前，
让我们先来了解一下计算机
和数字技术运作的基本原理吧！

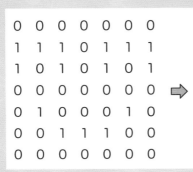

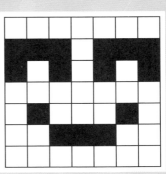

掷个骰子，你就能明白数字技术的基本原理

我们的生活里充满了各种各样的信号，有时候可以被分为模拟信号和数字信号。模拟信号的数据是连续的，但数字世界要处理的数字信号是一个个离散的值。让我们来看看身边有哪些东西和数字信号一样是离散的。

⊕ 骰子每一面的数据是离散的

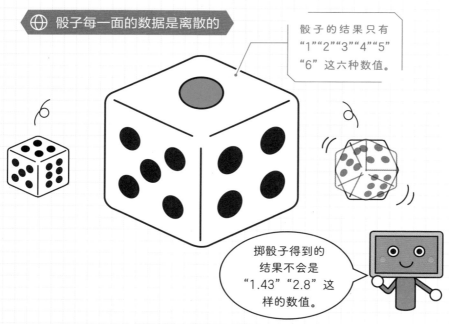

骰子的结果只有
"1""2""3""4""5"
"6"这六种数值。

掷骰子得到的
结果不会是
"1.43""2.8"这
样的数值。

数字世界只使用界限分明的数字

在数字世界里，所有数据都像骰子每一面上的结果一样分散。Digital（数字）这个英文词语来自拉丁语的 digitus 一词，意思是手指。当我们掰着手指数数的时候，就是在使用"1""2""3""4"这样一个又一个相互独立的数字。

身边的模拟信号和数字信号

　　以钟表为例，有些电子表精确到分钟，能够给出"10点9分"这样的时间信息，这种表以分钟为最小单位来表示时间，这就是数字信号；而那种秒针持续绕圈的时钟，能够表示1分钟里无限细微的时间，这就是模拟信号。

⊕ 模拟信号和数字信号通常用不同的形式展示

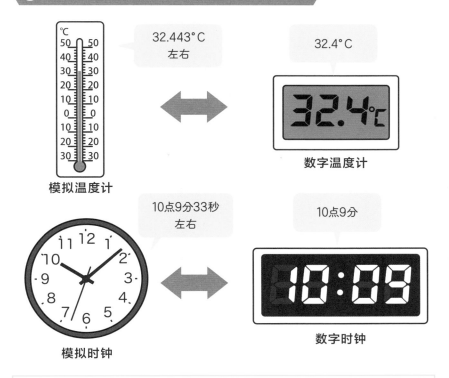

32.443°C
左右

32.4°C

模拟温度计

数字温度计

10点9分33秒
左右

10点9分

模拟时钟

数字时钟

 数字信号比模拟信号更好吗？

　　不是的。因为处理数据的方式不同，数字信号和模拟信号各有所长。比如，和用数字信号制成的CD相比，用模拟信号制作的黑胶唱片的音色会更加自然、细腻。

计算机的脑子里只有0和1

计算机运算时使用的数字只有 0 和 1，这个记数系统叫作"二进制"。我们人类使用的从 0 到 9 的记数系统叫作"十进制"。

⊕ 怎么数这三个苹果？

人类使用的"3"，在计算机的世界里用"11"表示。

十进制	0	1	2	3	4	5	6	7	8	9	......
二进制	0	1	10	11	100	101	110	111	1000	1001	

十进制和二进制可以互相转换

在只有 0 和 1 的计算机世界中，没有人类日常使用的 2 或 3 这样的数。当计算机需要表示 2 或 3 时，它会使用 0 和 1 的组合，也就是二进制来表示。不管是什么数字，都可以只用 0 和 1 来表示。

只用 0 和 1，就能作画或写歌

计算机只用 0 和 1 两个数字，就可以创造图像、视频、音乐等。下方图 1 演示了计算机如何用二进制表示图像。在这个 7×7 的格子里，规定 0 表示白色，1 表示黑色，就得到了右边的图像。音乐和声波也可以转换成数字格式（图 2）。

 用 0 和 1 表示图像和音乐

（图1）

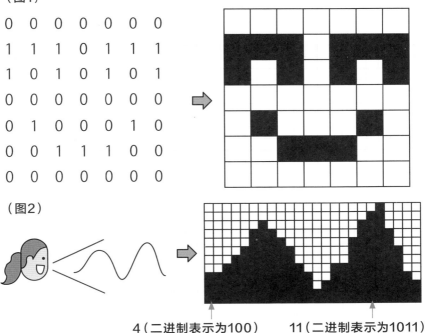

```
0 0 0 0 0 0 0
1 1 1 0 1 1 1
1 0 1 0 1 0 1
0 0 0 0 0 0 0
0 1 0 0 0 1 0
0 0 1 1 1 0 0
0 0 0 0 0 0 0
```

（图2）

4（二进制表示为100）　　　11（二进制表示为1011）

 用 0 和 1 表示开关的打开和关闭

计算机是通过控制电路开关的打开和关闭来处理数据的。在这里，1 表示打开，0 表示关闭。

第0章-03
数字数据可以
轻松地被复制

与纸上的图画或书籍不同，数字数据很容易被复制，而且复制品和原品一模一样。

⊕ 模拟数据和数字数据的拷贝

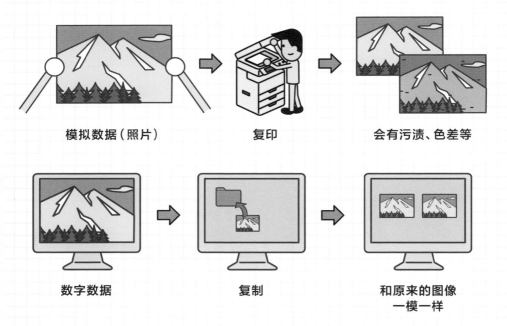

模拟数据（照片）　　　　　复印　　　　　会有污渍、色差等

数字数据　　　　　复制　　　　　和原来的图像
　　　　　　　　　　　　　　　　　一模一样

瞬间获得一份和原来一模一样的数据

当你用复印机复印照片时，复印品可能会有色差或黑点。但如果用计算机复制一份电子图像，就能得到一模一样的图像，不会有色差或黑点。这是因为电子图像是由二进制表示的，实际复制的只是 0 和 1。

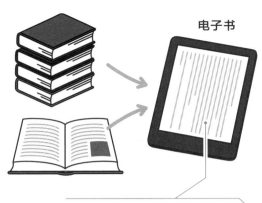

电子书

数字数据的另一个优点是方便携带

如果把书中的文字转换成数字数据，一部手机里就可以储存许多本厚厚的书的内容。这一转换过程叫"数字化"，而这种被数字化的书叫"电子书"。

就像是可以随身携带的书架，你可以随时随地"取出"一本来看。

永远崭新

记录模拟数据的纸张、磁带*等载体，会随着时间推移而磨损。但如果把它们转换为电子数据并妥善保管，就能让这些珍贵的数据永远保持崭新的状态。

颜色和状态会一直变化的纸质书。

可以长期保持不变的电子书。

*普通的录音磁带是一种用磁性物质记录声音的介质，可以用来存储音乐。但随着时间流逝，音质会变差。

味道也可以数字化吗？

可以数字化的不只是图像、文字和音乐，目前人们正在研究如何将味道和气味数字化。有朝一日，当你在享受美食的时候，也许可以把它的味道复制一份发给别人。

以前的电脑孤零零的，会不会感到寂寞呢？

　　计算机刚刚面世的时候，不像现在的计算机一样能够联网，它只能单独工作。

⊕ 最早期的计算机

需要用计算机的时候去机房

　　早期的计算机体积很大，价格又高，没有那么常见。因此，只有在需要计算机帮忙，比如进行复杂运算的时候，人们才会去机房使用它们。

只要连上网线就可以随时随地使用计算机

后来，人们觉得只能在机房里使用计算机非常麻烦，就想着，**如果把大计算机和那些小小的、价格也没有那么高的小计算机用网线连在一起，就可以在任意地方使用大计算机了。**就这样，"网络"诞生了。

⊕ 网络出现之后的计算机

用网线把小计算机连在大计算机上，就能方便地使用大计算机了。

有好多工作要做呀！

××公司

 只能独立工作的计算机也有不可替代的优点

如果不和其他计算机相连，计算机中的数据就不会泄漏。如今，即使网络已经非常发达了，仍然有部分涉及重要信息的计算机是不联网独立工作的。

把机房和机房连在一起，就组成了互联网！

互联网让全世界的人们可以相互发信息，一起玩游戏。那么，带来如此便利的互联网是如何诞生的呢？

🌐 把网络和网络连起来

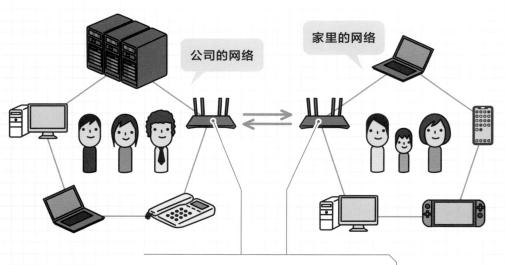

公司的网络

家里的网络

网络和网络之间的连接枢纽叫路由器（router），它可以用来管理网络中的数据流量。

如果能把不同机房连起来就更方便了

能在一个网络（也就是机房）中完成数据处理已经很方便了，但如果不同机房的网络可以交换数据的话，计算机使用起来就更方便了。因此，人类开始尝试将不同网络连接起来。

世界就这样不知不觉地互通互联了

　　当不同网络连起来之后，我们就可以和远方的人及时地发送邮件、交换数据了。这种科技让我们的生活更加方便，所以越来越多的人选择让自己的网络与其他网络连接起来。不知不觉间，连接全世界的"互联网"就这样诞生了。

⊕ 连接全世界的互联网

全世界连起来可真是太棒啦！

✏ 海底光缆*把世界连在一起

　　对于那些中间有海相隔的国家来说，是海底光缆把它们连在了一起。有了海底光缆，远隔大洋的国家之间也能够通信了。

*光缆是一种能够传输光信号的通信网络。

我们进入了共享方便功能的时代

"云"能让用户通过网络使用远程计算机上的功能。我们无须事先在自己的设备上准备大量程序，在想用的时候直接用就可以了。

⊕ "云"上集合了许多方便的功能

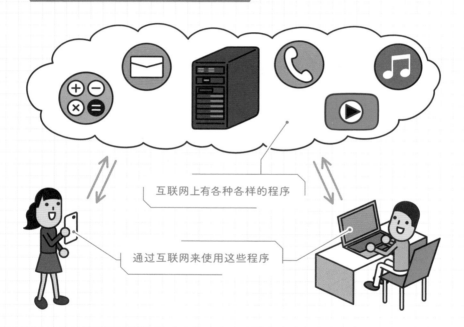

互联网上有各种各样的程序

通过互联网来使用这些程序

从互联网调取所需的功能

为了方便使用，我们会在电脑和手机里事先安装许多应用软件*。**但最近，有越来越多的厂家采用了"云计算"的技术，把软件功能直接放在了互联网上。**

*应用软件是指有某一特定功能，如收发邮件、编辑文章等的软件。

把数据上传到互联网上

　　"云"还可以提供存储功能。你可以把用手机拍的照片和用电脑编写的文章都传到互联网上存储起来。

> 如果把数据存到"云"上，就不用在自己的计算机设备里存那么多的数据了。

提供必要的工具

　　有一些"云服务"能提供创作所需的所有基本工具，如整套游戏制作工具。**用户不用研究需要哪些工具、怎么把它们集成在一起，只需要从互联网上直接开始制作就可以了。**

 "云"随着互联网的发展而发展

　　"云计算"的普及，得益于互联网的通信速度和性能的大幅提升。

第0章

数字化的基础
小测试

1 计算机使用的是一种只有数字0和1的记数系统,它叫什么?

A
十进制

B
二进制

C
十六进制

2 连接整个世界的巨大网络叫什么?

A
互联网

B
路由器

C
应用软件

3 通过互联网使用计算机便利功能的机制叫什么?

A
存储

B
云

C
编程

答案见154页

人类的工作会被取代吗?

AI

在众多数字技术中，AI 的发展最受瞩目，
有传言说 AI 会取代人类进行工作。
我们一起来了解一下这项聪明的技术吧!

AI
也分强和弱

AI 这个词，根据使用方法不同，意思也会不同。让我们来认识一下强 AI、弱 AI，以及一些不知道能不能称为 AI 的东西吧!

强 AI（通用 AI）

仿佛拥有着和人类一样的大脑，能自主思考、学习和创造的 AI 被称为强 AI。它们不仅能处理复杂信息、解决难题，还能适应新环境，展现出类似人类的智能。

这种 AI 能做各种各样的事情，但现在还不存在。

象棋 AI 虽然很擅长下象棋，但是其他啥都不会。

弱 AI（狭义 AI）

有一些 AI 只能解决特定领域的问题，这种 AI 被称为弱 AI。比如象棋 AI 擅长分析棋局、预测走势，其水平能与专业棋手一较高下，但在其他领域则无法发挥作用。**目前大多数 AI 应用都属于弱 AI 范畴。**

当今世界充斥着伪 AI

　　我们在生活中，经常会看到一些标榜自己是 AI 的产品或服务，但它们都不是强 AI，有些甚至连弱 AI 也算不上。因为 AI 技术是时下的大热话题，所以这些产品或服务就算没用上 AI 技术，也会强行和 AI 扯上关系。为了防止上当受骗，我们需要正确了解一下 AI 到底是什么。

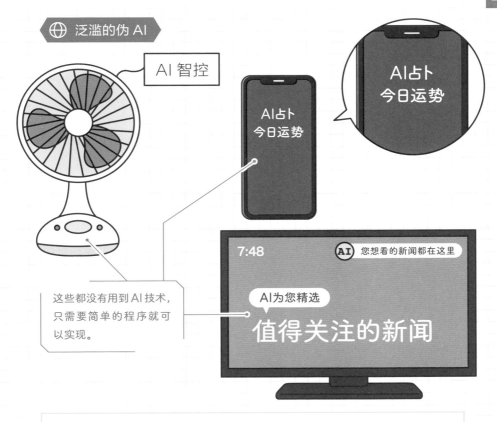

⊕ 泛滥的伪 AI

AI 智控

AI占卜
今日运势

AI占卜
今日运势

这些都没有用到 AI 技术，只需要简单的程序就可以实现。

7:48　　AI　您想看的新闻都在这里

AI 为您精选
值得关注的新闻

✍ 弱 AI 到底是不是 AI 呢？

　　有一些 AI 研究者认为，只有像人类一样什么都能做的强 AI 才能被称为 AI，现有的弱 AI 都不能被称为 AI。

AI 的学习方法
大概分为两种

AI 学习的方法有很多，这里可以暂时按照监督学习和无监督学习分为两种，这两种方法各有各的优点。

⊕ 监督学习的例子

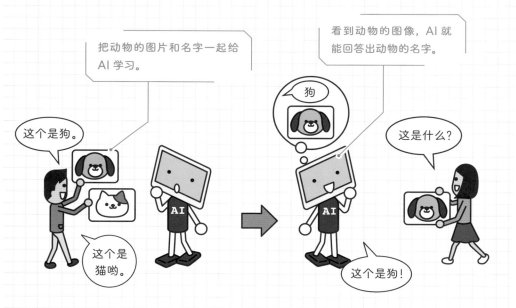

学习时给答案的"监督学习"

把数据和答案匹配起来给 AI 学习的训练方法叫"监督学习"。举个例子，给 AI 许多狗的照片，并且给出"这是狗"的答案，以及给出大量猫的照片和"这是猫"的答案。AI 在这样的监督学习之后，再看到一张猫或狗的照片，就能区分它们了。

不给出匹配答案，让 AI 自己归纳总结的"无监督学习"

　　不给 AI 答案，只给数据的学习方法叫"无监督学习"。你可能会质疑，如果不给 AI 答案，AI 能明白人类的意思吗？实际上，**AI 能够比对接收到的大量数据，从中找到特征进行归纳**。我们一般会在需要寻找数据的发展方向或特征的时候使用这种方法。

⊕ 无监督学习的例子

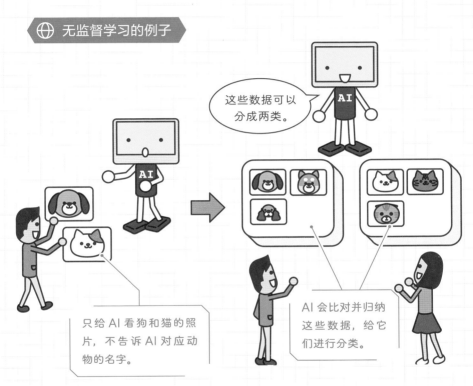

这些数据可以分成两类。

只给 AI 看狗和猫的照片，不告诉 AI 对应动物的名字。

AI 会比对并归纳这些数据，给它们进行分类。

 两种学习方法适用于不同问题

　　监督学习常用于解决人脸识别等有明确正误答案的问题；无监督学习常用于解决一些没有正确答案的开放性问题，比如"拥有什么特征的人会买什么样的商品"这种研究。

和人脑一模一样？
强大 AI 背后的秘密

AI 拥有模仿人类大脑结构的"神经网络"。如果在训练 AI 时用到复杂的神经网络，这个过程就叫"深度学习"。

⊕ AI 识物的例子

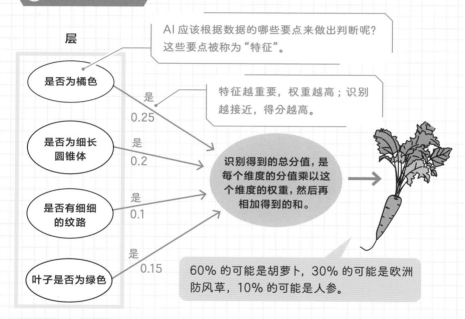

层

AI 应该根据数据的哪些要点来做出判断呢？这些要点被称为"特征"。

是否为橘色

是 0.25

特征越重要，权重越高；识别越接近，得分越高。

是否为细长圆锥体

是 0.2

是否有细细的纹路

是 0.1

识别得到的总分值，是每个维度的分值乘以这个维度的权重，然后再相加得到的和。

叶子是否为绿色

是 0.15

60% 的可能是胡萝卜，30% 的可能是欧洲防风草，10% 的可能是人参。

模仿人类大脑结构的人工神经元

上图形象地呈现了人工神经元的结构和功能，它模仿了人类大脑的神经网络结构。当人工神经元连接起来，就构成了人工神经网络。把三层以上的人工神经网络连起来训练 AI 的过程，被称为"深度学习"。

选择合适的特征并不容易

AI 应该根据数据的哪些方面来做判断呢? 我们需要给 AI 一些指示。**不同特征的选择会大大影响 AI 判断的正确率。**因此,选择合适的特征并不容易。

AI 也能自己找到特征

通过"深度学习",AI **不再需要人类帮助,可以自己找到特征了。**自此,AI 在图像识别、语言理解等需要深入理解的领域越来越活跃。

 从 2012 年开始,AI 跨入了新时代

在 2012 年举办的图像识别大赛 (ImageNet) 上,加拿大多伦多大学的 AI 队伍使用"深度学习"的方法获得了胜利。自此之后,"深度学习"备受瞩目,AI 领域的发展开始加速。

AI 特别不擅长 "第一次做某件事"

学习过大量数据之后，AI 越来越聪明了，它开始在各个领域大展拳脚。但是，AI 也有弱点。

⊕ 无法理解新词汇的 AI

这个，好适合 "发圈" 啊！

当 AI 遇到自己的训练资料里没有的新词时，它可能就无法理解。

是呀！

发圈?

但是人类能够根据经验，组合拼凑出新词的意思。

原来是说发朋友圈啊！

如果没学过就不会

通过大量训练，AI 变得越来越聪明，它们已经能和人类对话了。但是如果遇到训练资料里没有出现过的新词汇，AI 可能就无法理解了。

意想不到的突发事件也很难训练

通过大量学习驾驶情况的数据，AI 自动驾驶技术正在迅速发展着。但训练数据中有关应对突发事故的数据很少，因此 AI 遇到这类情况时很难完美处理。

AI 的训练资料中，很少有动物突然窜到道路中的情况。

开始头脑风暴，请提出有创意的想法！

好难啊！

AI

不擅长创新

虽然 AI 越来越多地参与到了人类的创作过程中，但是 AI 提出的想法都是参考了已有经验的，因为 AI 很难提出从未见过的创新想法。

 我们应该多多准备 "意料之外的情况" 给 AI

意料之外的情况，是指那些现实中很少发生的情况，它们几乎不会出现在训练数据里。为了让 AI 能更好地应对意料之外的情况，我们可以手动创造这类训练数据。

能作画、写文章的 AI 出现了！

现在有一种 AI 可以基于训练数据画画、写文章、创作音乐……这种 AI 叫生成式 AI。

🌐 能根据给出的关键词作画的 AI

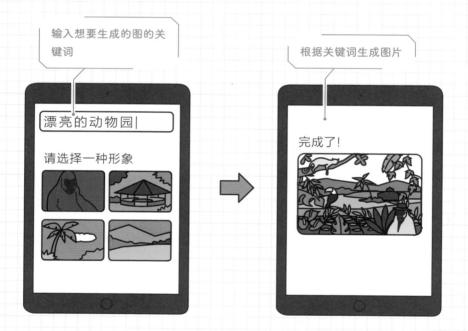

输入想要生成的图的关键词

漂亮的动物园|

请选择一种形象

根据关键词生成图片

完成了！

只要输入关键词，AI 就能给出相应的图像

输入你想要的图像的描述，AI 就能生成对应的图像。目前市面上已经有一些 AI 可以做到这一点了。如果你不擅长画画，只要将脑海里想要的画面大致用文字描述出来，AI 就能轻松帮你作图。

问什么问题都能回答？能对话的万事通 AI

2022 年，对话式 AI——ChatGPT横空出世，引发了巨大反响。**你可以用文字向它提出任何问题，它都能给出整段流畅的回答。**你们的对话非常自然，就好像你是在和一个真人交流一样。AI 的进化，真是让人大开眼界啊！

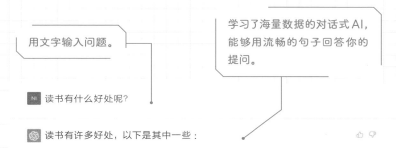

用文字输入问题。

学习了海量数据的对话式 AI，能够用流畅的句子回答你的提问。

读书有什么好处呢？

读书有许多好处，以下是其中一些：

1.知识积累：通过阅读，你可以学到各种各样的知识，涵盖历史、科学、文学、艺术等各个领域。

2.提升认知：阅读可以拓展你的思维方式和认知能力，使你对世界有更全面的理解。

3.开阔视野：通过书籍，你可以窥见不同文化、地区和时代的生活方式、价值观和思考方式。

4.提高语言能力：阅读可以帮助你扩展词汇、理解语法结构，从而提升写作和沟通能力。

5.减轻压力：阅读可以成为一种放松的方式，帮助你逃离现实生活的压力和烦扰。

6.锻炼思考能力：阅读不仅是被动地接受信息，也是一个主动思考、分析和评估的过程。

7.提高专业技能：无论你从事什么职业，阅读与学习都是不断提升自己的重要途径。

8.培养情感共鸣：通过阅读小说、散文等作品，你可以感同身受地体验各种情感和人生经历。

9.促进创造力：阅读可以为你提供各种各样的灵感，激发你的创造性思维。

10.延缓认知衰退：研究表明，让大脑保持活跃，包括阅读，可以延缓认知能力的衰退。

11.提升自我管理能力：阅读需要耐心和持续性，能够培养坚持和自律的品质。

总的来说，阅读是一个富有益处且愉悦的活动，可以为个人的成长和生活品质带来积极的影响。

输入"读书有什么好处呢？"这个问题，ChatGPT 给出的答案。

 ## ChatGPT 有时候会"撒谎"

ChatGPT 的作答原理，是基于对大量文本数据的学习，预测并生成最符合上下文逻辑和语义连贯的回答。因此，它给出的答案不一定是对的。

▶第1章-06

能和你聊天的 AI，真的理解语言的意思吗？

和 ChatGPT 这样的对话式 AI 聊天的时候，它们仿佛真的理解你在说什么。然而，事实上真是这样吗？

🌐 图灵测试

一个受测 AI 和一个人隔着一堵墙与另一个人聊天。

如果这个人认为自己在和一个真人聊天，这个受测 AI 就通过了图灵测试。

判断 AI 是否像人的图灵测试

图灵测试是由一位名叫艾伦·图灵的计算机科学家提出的。测试过程是这样的：把两个人和 AI 分别隔开，其中一个人（测试者）向另一个人和 AI（都是被测试者）提问，根据回答来判断哪一个是真人，哪一个是 AI。**如果 AI 的回答让测试者以为它是真人，那么这个 AI 就通过了测试。**图灵测试能用来评估 AI 有多像人，但无法说明 AI 是否能像人一样理解语言的意思。

语言或许只是一种符号——一个中文房间

　　想象这样一个场景：你面前有一个房间，你可以在纸上用中文写一个问题递到房间里，过一会儿，会有一张写着中文答案的纸条从房间里被递出来。你不知道房间里有什么，但是你一定觉得房间里有一个懂中文的人吧。**然而，房间里的人有可能完全不懂中文，他只是根据接收到的中文问题，在手册上查找对应的回答，然后将其递给你而已。** 如果真是如此，能说这个人懂中文吗？

⊕ 一个中文房间

跟中文房间对话的人，可能认为里面藏着一个懂中文的人。

然而，房间里的人可能只是根据中文资料来回答问题，完全不懂中文。

 其实，我们并不了解什么是"智能"

　　虽然 AI 的研究进展突飞猛进，但其实人们并不知道人类的"智能"背后是什么样的原理。人类是如何理解语言的呢？这个问题至今仍然没有准确的科学答案。

不断进化的
自动驾驶汽车

不需要人类操作，汽车自己就能导航行驶的自动驾驶技术正在迅猛发展着。在日本，根据交通部门的规定，自动驾驶分为五个等级。

⊕ 自动驾驶的例子

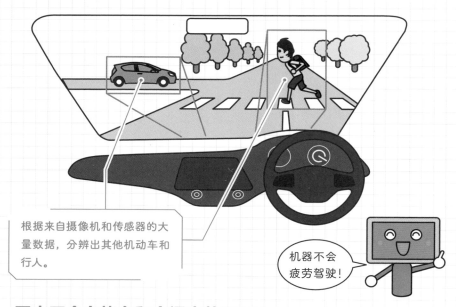

根据来自摄像机和传感器的大量数据，分辨出其他机动车和行人。

机器不会疲劳驾驶！

再也不会有堵车和交通事故了吗？

如果汽车能够自动驾驶，人类会更加轻松，而且路上的堵车和交通事故可能也会大幅减少。90%以上的交通事故都是因为驾驶员的不谨慎造成的，而堵车在很多情况下也是因为驾驶员的操作不够好导致的。如果由机器来开车，就不会有这些人类操作带来的不可控问题了。

自动驾驶等级

第一级：在危险时帮助人类

在第一级的自动驾驶中，开车的仍然是人类。但是，机器会在前方车辆急刹车时帮你自动刹车；当驾驶员偏离车道时，机器会自动调整方向以防压线。在这里，机器的职责是辅助人类。

自动刹车

啊！

第二级：能够自动超车

在第二级的自动驾驶中，开车的同样是人类，机器主要是辅助人类驾驶。比如，在高速公路行驶时，它能帮驾驶员自动超车。**这一级别的自动驾驶会根据车上搭载的摄像头和传感器仔细判断路况，辅助驾驶。**

驾驶员同意后，汽车就会自己变道超车。

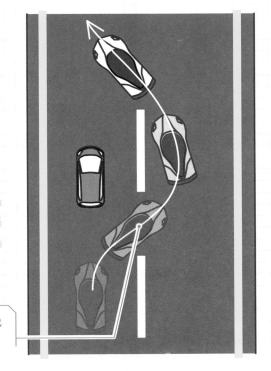

第三级：特定状况下自动驾驶

在第二级中，开车的主要还是人类，但在第三级中，机器就能够自动驾驶了——虽然只在某些特定情况。比如在高速上或者天气晴朗的时候，机器就可以自动行驶；**但是在下高速或者下雨这些较为复杂的情况下，还是需要人类来开车。**

⊕ 人类仍需在复杂情况时驾驶

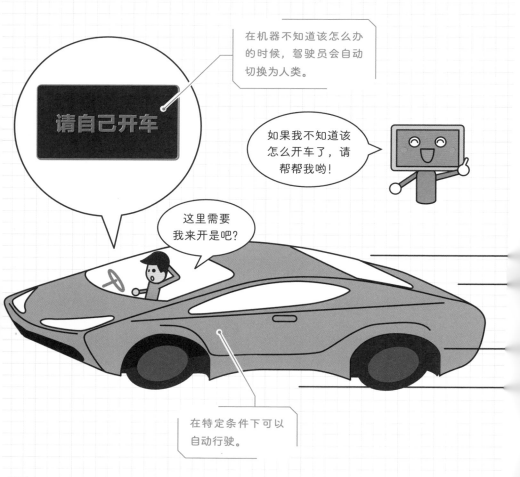

在机器不知道该怎么办的时候，驾驶员会自动切换为人类。

请自己开车

如果我不知道该怎么开车了，请帮帮我哟！

这里需要我来开是吧？

在特定条件下可以自动行驶。

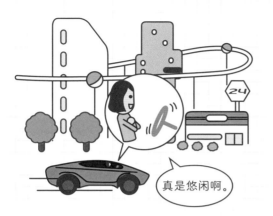

第四级：特定区域内全自动行驶

在第四级中，汽车能在特定区域内完全自动行驶。日本的部分道路已经被划分为第四级自动驾驶区域了，在这样的区域内，驾驶员完全不需要操作，汽车自己就可以驾驶啦。

第五级：随时随地自动驾驶

在第五级里，不管是什么状况、什么地点，汽车都能自动行驶。汽车不再需要驾驶员了，人们可以在车上看书、聊天，享受整个旅程。这也是自动驾驶技术的终极目标。

 第四级的自动驾驶汽车已经成为现实

目前，第四级的自动驾驶汽车已经在某些地区上路了。

AI 会如何回答
没有正确答案的问题？

随着 AI 的应用越来越广泛，有时它们还需要回答那些人类也很难回答的、没有正确答案的问题。这个时候，AI 会如何应对呢？

⊕ 没有正确答案的"电车难题"

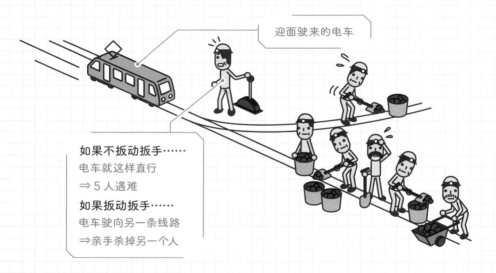

迎面驶来的电车

如果不扳动扳手……
电车就这样直行
⇒ 5 人遇难

如果扳动扳手……
电车驶向另一条线路
⇒ 亲手杀掉另一个人

无解的"电车难题"——能让一个无辜的人丧生吗？

一辆失控的有轨电车在正在施工的轨道上飞驰，轨道的尽头有 5 位毫不知情的工人。扳道工如果什么也不做，这 5 位工人就会遇难；如果扳动扳手，改变电车的路线，这 5 位工人就能得救，但是另一条轨道上的 1 位工人会因此死亡。如果你是扳道工，你会如何选择呢？这是一个假想的问题，但世界上存在着许多像这样难解的、没有正确答案的问题。

自动驾驶汽车需要面对许多类似的没有正确答案的问题

让我们再来看一个和自动驾驶汽车有关的"大桥难题"。一辆小汽车行驶在一座没有护栏的大桥上，突然迎面驶来一辆满载儿童的大巴车。儿童的人数远大于小汽车上的人数。如果就这样撞上大巴车，有许多儿童会因此遇难；如果选择让汽车避让，主动冲向桥下，坐在汽车上的人都会死，但是大巴上的儿童可以得救。

AI 会如何应对"大桥难题"？

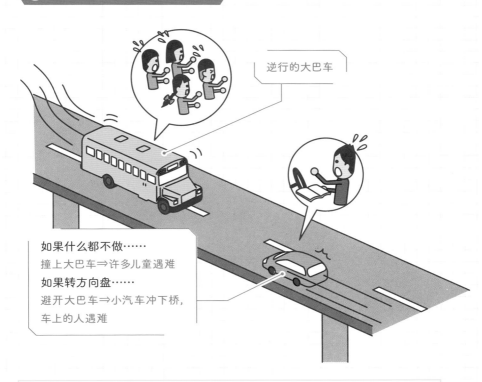

逆行的大巴车

如果什么都不做……
撞上大巴车⇒许多儿童遇难
如果转方向盘……
避开大巴车⇒小汽车冲下桥，车上的人遇难

 需要研究的不仅仅是技术

AI 的发展不仅需要技术进步，还需要研究符合人类文明生存与发展的道德规范。

如果有人
教AI说谎

如果在 AI 接收的数据里做手脚，AI 可能就会做出错误的判断。让我们来看看是怎么回事吧。

⊕ 被骗的自动驾驶汽车

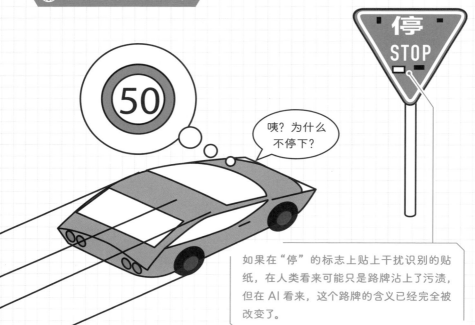

咦？为什么不停下？

如果在"停"的标志上贴上干扰识别的贴纸，在人类看来可能只是路牌沾上了污渍，但在 AI 看来，这个路牌的含义已经完全被改变了。

人类注意不到这些细节，但是 AI 上当了！

实验证明，如果在路牌上贴上一些小贴纸，自动驾驶汽车的 AI 可能会把这个标志路牌识别为完全不同的另一个标志。现实中，**确实有人会悄悄做一些人类注意不到的手脚，让 AI 上当。**

坏人会训练出坏 AI

　　为了惹恼别人，或是为了自己的利益，有人会故意给 AI 灌输奇怪的数据。**如果 AI 的训练数据里都是奇怪的坏数据，那么 AI 给出的答案也会有偏差。**比如有些 AI 会说出种族歧视、性别歧视的言论，有些 AI 会过多称赞某个公司或个人。

如何检查 AI 的答案是否正确？

　　AI 技术正在快速发展着，也许未来某一天，人类就很难检查 AI 的答案是否正确了。因此，在科技发展的同时，**建立一个能够检查 AI 答案正误的机制也很重要。**

 智能音箱上当受骗！

　　例如，在视频中加入只有 AI 可以听到的音频信号，让接收到这个声音的智能音箱进行奇怪的操作。在播放视频时，AI 听到了特殊的音频信号，听从指令关掉了房间的灯。这样的事情有可能发生。

人类的工作会被 AI取代吗？

AI 的迅速发展让人心潮澎湃，但人们也开始担心 AI 是否会夺走自己的工作。

⊕ 人类擅长的工作

交流/陪伴

想出新点子/处理意外

abc……

1+1=2

整理AI的训练资料

检查AI的答案是否正确

AI 并不擅长所有工作

AI 的弱点之一就是不擅长交流。**虽然能够对话的 AI 已经出现了，但是它们并不会解读人类微妙的感情，也不懂得体贴和陪伴。类似这样 AI 不擅长但是人类擅长的事情还有许多。**

为了人类的进步而使用 AI

　　如今 AI 已被广泛应用于各种场景，有不少事情它们都比人类做得更好。如果 AI 和人类合作，成就会更大。举个例子，有的象棋比赛允许人类和 AI 合作参赛;人类的直觉加上 AI 不受干扰的计算能力，让这一比赛的水准达到了前所未有的高度。**在使用 AI 时，重要的是以人为本，考虑如何借助 AI 的力量让人类得到进步。**

⊕ 人类和 AI 联手合作

开车就交给 AI，
我们来聊聊天吧。

我可以帮你
训练哟!

料理农田就交
给我吧!

真是帮大
忙了!

✎ 人类建设 AI 社会

　　日本政府在 2019 年发表了《以人为本的 AI 社会原则》，里面指出，AI 社会的建设要以全人类的繁荣幸福为目标。

第 1 章

AI
小测试

1 有一种AI的训练过程使用了包含三层以上人工神经元的"神经网络"，这个过程叫什么？

A
监督学习

B
特征

C
深度学习

2 根据训练资料，能够进行绘画和写作的AI叫什么AI？

A
强AI

B
生成式AI

C
OpenAI

3 测试机器是否像人的测试叫什么？

A
ChatGPT

B
图灵测试

C
AI测试

答案见154页

chapter 2
第2章

这个东西那个东西全都连上网
物联网

互联网已不再是只有笔记本电脑和手机会用到的东西。
眼镜、鞋子、帽子……所有东西都可以连上网。
让我们一起来看看物联网的未来吧。

身边的物品都可以变成传感器

传感器是指能够探测温度、重量等信息，并能将其转换成数据的装置。在物联网的时代，身边的许多物品都能变成传感器。

⊕ 传感器能捕捉哪些数据呢？

智能帽子
测量阳光强度、记录出汗量等。

智能手表
监测心跳、记录血压等。

智能眼镜
监测眼动数据、眨眼数据等。

智能鞋子
监测走路姿势、记录步行距离等。

智能衣服
测量体温、记录运动量等。

日常用品能够捕捉各种各样的数据

身边的很多日常用品都可以变成能捕捉各种信息的传感器。以可穿戴的物品为例，市面上已经有能读取地面的硬度、记录步行姿势的鞋子，还有智能手表。现在，越来越多的人开始用智能手表测量心跳、记录运动量。

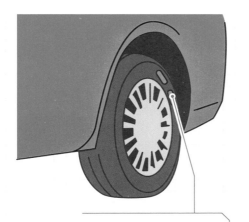

给轮胎加上传感器，能够提供事故预警

一些轮胎制造商已经开始在轮胎上加装传感器了。轮胎传感器收集到的数据能帮助驾驶员安全驾驶，及时发出事故预警，防止事故发生。

传感器可以监测轮胎的温度、气压等数据，并发送给负责预警的服务器。

如果电灯泡被点亮了，说明奶奶今天也很有活力。

守护电灯泡

某一货运公司开展了一项名为"守护服务"的业务，这项业务也用到了物联网技术。例如，在一个独居老奶奶的家里安上一个能联网的电灯泡，如果灯泡一整天都没有打开过，奶奶的家人就会收到邮件通知。

 一起来想想如何创造性地运用物联网吧！

你周围的日常用品能捕捉什么样的信息呢？以这些信息为基础，让我们设想更多能够运用物联网的场景吧！

足球里
也有传感器

当物联网技术进入足球世界，许多球迷大开眼界，甚至有人认为这种技术足以改变足球的常识。

⊕ 带有传感器的足球能读取球场上的数据

足球里的传感器每秒可以发送五百次数据，包括球的位置、被踢到的精确时间等。

我是不会错过任何细节的！

技术进步改变了足球

2022 年，卡塔尔世界杯首次用到了物联网足球。**这项技术能以毫米为单位测量足球是否出界，让全世界的球迷大开眼界。**物联网技术在这项全世界瞩目的赛事里证明了自己的能力。

帮助裁判公正判罚比赛

　　足球内的传感器、体育场中的摄像头，以及 AI 等技术都用在了卡塔尔世界杯上。**在这些技术的加持下，人类裁判很难发现的违规行为都无处遁形！**

在信息技术的加持下，裁判能做出更准确的判罚。

**最大速度
82千米/小时**

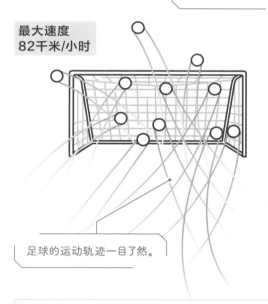

足球的运动轨迹一目了然。

提高练习质量

　　从哪个位置射门、什么角度踢球、球速多少、球的运动轨迹是什么样的……各种各样的数据都可以被足球上的传感器收集到。**根据这些数据，运动员们可以更好地精进技术。**

这四年有哪些技术进步？

　　每届世界杯都会引入新技术，如 2018 年世界杯引入了视频裁判系统，2022 年世界杯引入了物联网技术。每隔四年，看看技术有哪些进步，这也是世界杯的乐趣之一。

户外网络信号的进步，
让物联网应用更加广泛

因为有了移动通信系统这一无线电通信技术，网络不再局限于有线的室内，在户外也能用手机上网了。随着 5G* 以及未来 6G 的发展，物联网技术也会随之发展。

*第五代（5th Generation）移动通信系统。世代越多表明通信的性能越好。

⊕ 移动通信系统让人们在户外也能上网

安装在城市各个角落的天线发出电波信号。

接收天线发出的电波信号，实现户外上网。

5G、6G……持续发展的移动通信系统

移动通信系统飞速发展着，现在，5G 上网已经开始普及了。与此同时，6G 的研究也在如火如荼地进行着。为了让人们在各种地方都用上物联网技术，移动通信系统必不可少。

通信更加畅通无阻

　　和前一代的 4G 相比，5G 的其中一个优点是速度更快，通信延迟时间更短。对自动驾驶汽车这种需要迅速反应的技术来说，这一进步非常重要。

如果通信延迟时间更短，自动驾驶汽车就能进步得更快。

如果同时接入网络的传感器数量增加，就能让更多东西联网了。

各种各样的机器都能联网

　　在物联网时代，无论什么物品都可以变成传感器接入网络，这意味着能参与通信的机器越来越多。5G 时代能同时通信的机器数量是 4G 时代的一百倍左右。随着通信技术的进化，能同时接入网络的传感器数量也会不断增加。

 "节能上网模式"能让更多传感器同时联网

　　"节能上网模式"（Low Power Wide Area，简称 LPWA）是指稍微降低通信速度以节省电力的技术。如果在那些不太要求快速通信的应用场景里用上 LPWA，就能让更多传感器同时联网。

第2章-04

物联网的发展
分为三步

物联网发展是按照三个步骤进行的。第一步是将物品连入互联网。

⊕ 将各种各样的东西连上网

让垃圾桶联网是要做什么？

不管那么多，先连上网再说。

第一步：先连上网

　　物联网普及的第一步是让各种各样的物品都连上网。虽然有些物品看起来好像联网也没什么意义，但首要的是让尽可能多的物品都连上网。

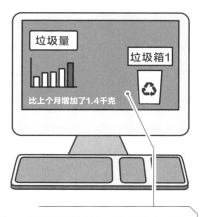

加入物联网的垃圾桶，能向用户展示每个月的垃圾收集量。

Chapter 10

第二步：
解锁物品的新用处

　　物品在连上网之后，我们就可以查看它收集的数据，并且通过互联网设备操控它了。这样一来，我们可能会发现这个物品的新用处。**物联网发展的第二步，是让我们更方便地使用物品。**

第三步：
多个物品协同工作

　　物联网发展的最终目的是让多个物品联合起来工作。**如果物品之间可以自行协同工作，便利程度将大幅提升。**

物联网化的垃圾桶发现最近垃圾量增加了，于是它向打印机发出减少废纸的建议。

 已经物联网化的东西

　　日常生活中已经有许多能联网的机器了。例如，手机和扫地机器人协同工作，可以达到用户一离开房间，扫地机器人就开始自动清扫的效果。想想身边还有哪些物联网化的机器吧！

地球上散布着无数比米粒还小的传感器？

如果把像灰尘一样小的传感器"智能尘埃"撒满整个地球，就能捕捉到海量人眼看不到的细小数据。

⊕ 在地球上飞舞的"智能尘埃"

比米粒还要小得多的"智能尘埃"，能捕捉地球每一个角落的数据。

传感器遍布在地球上每一个角落

据说，如果在地球上撒满"智能尘埃"，**就能捕捉到整个地球详尽的光线、磁场等数据**。我们可以用它们来监测森林、海洋等自然环境的状态，从而保护环境；也可以用它们来监测道路、桥梁的情况，从而预防事故。

如何给"智能尘埃"供电的研究正在进行

　　要给比米粒还小的传感器输送电力或者更换电池是一个大难题。因此，研究人员正在研究如何利用传感器周围的自然能源（如热能、光能、动能等）来发电。

> ⊕ 自然界有许多能源可以转化成电力

太阳光能发电。

人体散发的热量能发电。

大桥的震颤能发电。

　人们一直期待着"智能尘埃"的发展

　　其实"智能尘埃"的概念在 1990 年前后就出现了，但是因为电力及成本问题迟迟未能将这一概念付诸实际。

数据改变了棒球！

有了物联网，我们就能收集、分析大量数据了。因此，许多曾经被认为是理所当然的事情，现在都产生了新的变化。

⊕ 用摄像机记录比赛

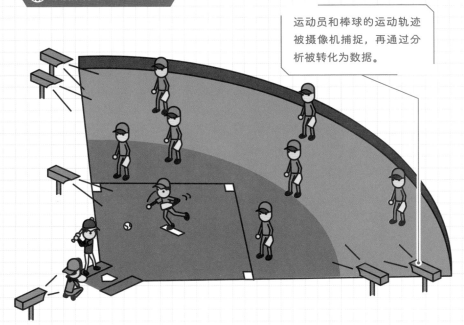

运动员和棒球的运动轨迹被摄像机捕捉，再通过分析被转化为数据。

所有的动作都可以转化为数据

在日本和美国的职业棒球大联盟比赛中，场馆中的摄像头及配套的分析系统会把球的速度、轨迹，以及运动员的所有运动细节都记录下来，**并转化为数据**。这些数据能帮助运动员提升技术，也能帮助球队研究出更好的战术。

打得高的球更容易带来安打？

在漫长的棒球历史中，人们一直认为打地滚球更容易带来安打或得分。然而，人们利用信息技术分析了球场上的大量数据之后，发现高飞球（打得很高的球）不仅更容易打出全垒打，也更容易带来安打和得分。

以什么速度、什么角度来击球更容易带来安打呢？——看一看数据就能知道。

会飞到这边哟！

这个战术得分效果显著，从 2023 年起，美国职业棒球大联盟禁止球队使用这一战术。

会飞到哪里一目了然

在棒球里有一种被广泛采用的战术是分析击球员的击球数据，根据他们的击球特点改变防守的位置。比如，针对向右击球较多的击球员，内野手们会全部移动到右侧进行防守。

 数据驱动型社会已经到来

数据蕴含着巨大的价值。数据驱动型社会，顾名思义，就是用数据的力量推动社会运作的社会。

鞋子收集到的数据能帮助医生做诊断？

今天，越来越多的物品都内置了用于收集数据的传感器，许多物品随之出现了新的功能。

⊕ 物联网时代，各种东西都可以被数据化

鞋子的磨损程度			
4毫米	2020年2月至今	21岁	男
2毫米	2020年6月至今	19岁	女
2毫米	2020年3月至今	71岁	男

晚上11点之后使用智能手机的时长			
每日平均	3小时	19岁	男
每日平均	4小时	20岁	女
每日平均	1.5小时	41岁	女

收集到的数据越多，越能知道如何应用这些数据

随着物联网的普及，人们可能会找到未曾设想过的数据用途。你可能会好奇这些数据都能干什么，对某些领域的人来说，这些数据有非常大的用处。

数据能够发现伤病隐患

如果能获得有关鞋子磨损的数据，鞋商就能给那些鞋子磨损得快的人及时推销新鞋了。但是需要这些数据的可能不只有鞋商，医生也可以根据鞋子的磨损情况判断患者的足部压力，从而准确判断疾病，并找到更合适的治疗方法。

用数据发现失眠的人

收集晚上 11 点之后使用智能手机的人的信息有什么用呢？晚上长时间使用手机，说明使用者很可能受着失眠的困扰。因此，卖助眠安睡枕头的商家会想要这些数据。

 数据是"21 世纪的石油"

石油给 20 世纪的人带来了优渥的生活。有人认为，在今天，数据和石油一样重要，是 21 世纪的重要资源。

物联网设备收集到的数据属于谁？

随着各种各样的物品都被物联网化了，人们开始担心自己的数据被泄露，并被坏人利用。因此，人们开始考虑建立类似于信息银行的监管机制，从而安全管理个人数据。

🌐 信息银行的工作流程

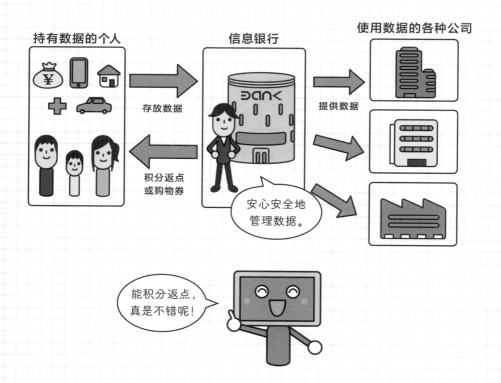

持有数据的个人

信息银行

使用数据的各种公司

存放数据

积分返点
或购物券

提供数据

安心安全地
管理数据。

能积分返点，
真是不错呢！

能存放数据的信息银行

　　随着物联网的普及，各种各样的设备都能收集信息了。因此，坏人可能会非法盗用个人数据。信息银行就是为了防止发生这样的事情而设立的。用户可以把自己的数据存进信息银行里，信息银行会判断可以把数据提供给哪些合法商家。

就像审查真银行一样审查信息银行

　　如果信息银行里有坏人，那么大家就不能安心地把信息存在里面了。处理金钱的真银行需要通过国家的严格审核才能开业，**信息银行也是一样，政府和相关机构会对它们进行严格审查，确保大家的信息安全。**

 ### 保护信息的行动在全世界都很活跃

　　2018 年，欧盟制定了一项名为通用数据保护条例（General Data Protection Regulation，简称 GDPR）的规则，它对数据的安全做出了一些规定，旨在保护个人数据和隐私的基本权益。这项规则不仅适用于欧盟国家，还适用于与欧盟有业务往来的公司等。由此可见，全世界对个人信息的隐私保护意识都有所提高。

人脑能直接
连入互联网吗？

随着脑机接口(Brain-Machine Interface，简称 BMI)技术的发展，未来有一天，人类的大脑也会物联网化。

🌐 连接大脑与计算机的BMI

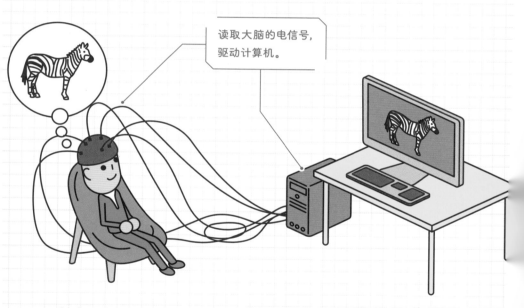

读取大脑的电信号，驱动计算机。

用意念驱动电脑

脑机接口能够读取人脑发出的信号，并把这些信号传给计算机，让计算机将人们头脑中所想的内容表现出来。这项技术正在研究中。虽说物联网的初衷是让物体联网，但也许不久后的一天，人类的大脑也能物联网化了。

肢体活动不便的人可以随心所欲地操作机器

把因为事故或者疾病失去手臂的人的"义手"和脑机接口结合起来，人们就能**用大脑更方便地操控义手了。**

计算机会读取大脑里正在想的东西，然后操控机器手。

能够原封不动地传达自己的想法和感觉

不管是语言、绘画，还是姿态、手势，都很难完整地传达出自己的想法。但如果有了脑机接口，**也许就可以把自己的想法或者脑海里浮现的画面原封不动地传递出去了。**

能把脑海里的画面直接分享给别人。

 脑机接口的两种类型

脑机接口分为两种。一种需要通过手术植入大脑，被称为"侵入式"；另一种不需要植入装置，而是通过传感器来监测脑信号，被称为"非侵入式"。

第2章

物联网
小测试

1 一种能收集人眼看不到的信息，像灰尘一样小的传感器叫什么？

A
5G

B
连接球

C
智能尘埃

2 代替个人保管数据的机制叫什么？

A
LPWA

B
信息银行

C
智能手表

3 直接把大脑和机器连在一起的设备/技术叫什么？

A
移动通信系统

B
物联网化

C
脑机接口（BMI）

答案见154页

网络上的"另一个世界"

元宇宙

在元宇宙，不管多不切实际的梦想都可以实现。
想要在空中自由飞翔、想要回到恐龙生活的时代……
通通都可以实现！
让我们一起来想象和现实世界截然不同的
"另一个世界"吧！

平常的景色突然大变样！
通往元宇宙的三个"R"

将现实与虚拟空间结合起来，创造出新体验的各种数字技术统称为 XR。其中，与元宇宙相关的 VR、AR 和 MR 受到了极大的关注。

⊕ 享受着虚拟世界的人

戴上"头戴显示器"，
就能进入虚拟空间。

哇，好厉害！

VR：搭建全新的虚拟世界

VR 是 Virtual Reality 的简称，中文称为"虚拟现实"。它能创造出一个完全独立于现实世界的空间，让人觉得自己好像真的身处其中。

AR：基于真实世界创造数字内容

AR 是 Augmented Reality 的简称，中文称为"增强现实"。这项技术能在现实世界的真实场景中添加数字内容。

在智能手机的拍摄画面里加入虚拟形象。

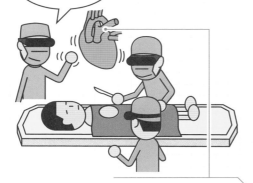

通过 MR 眼镜，边看着器官模型边进行手术。

MR：混合现实和数字世界

MR 是 Mixed Reality 的简称，中文称为"混合现实"。MR 读取现实世界信息的能力比 AR 更强，因此能给人提供将现实与数字内容完全融合在一起的体验。

 XR 的朋友还有它！

SR 是 Substitutional Reality 的简称，中文称为"代替现实"。它也是 MR 的一种，是在现实世界里重现昔日影像的技术。关于它的研究还在进行中。

如何使用 VR 来创造自己喜欢的空间

VR 能让你进入一个和现实完全不同的世界，体验现实中体会不到的乐趣，甚至还可以穿越回到你喜欢的时代！

⊕ 用 VR 坐过山车

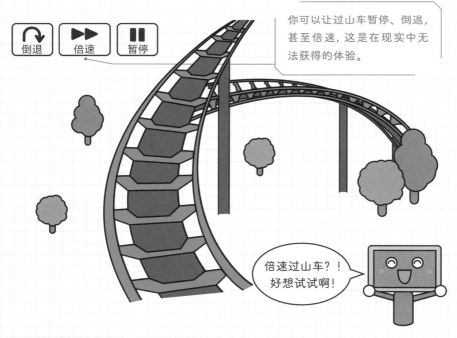

| 倒退 | 倍速 | 暂停 |

你可以让过山车暂停、倒退，甚至倍速，这是在现实中无法获得的体验。

倍速过山车？！
好想试试啊！

把体验数字化

VR 可以让人得到虚拟却逼真的体验感。过山车这样刺激的活动，在家里只需要有 VR 就可以体验；不仅如此，**还可以体验到让过山车中途暂停、倒退、倍速等现实中不可能的事情。**

刺激的 VR 观战让你体验运动员的感觉!

如果使用 VR,就可以在比现场观众席更近的地方观看比赛。**体育赛事、音乐会等活动在 VR 的加持下,会变得更具冲击力。**

穿越回到史前时代!

VR 能让你置身于一个与现实完全不同的空间,甚至可以回到恐龙生活的史前时代。**今天,历史教育等领域已经开始使用 VR 技术了!**

 有了 VR 之后,元宇宙更好玩了

在智能手机和计算机上可以体验到许多元宇宙项目,但 VR 可以给人带来更加沉浸的元宇宙体验。

如何使用 AR、MR？——现实和数字世界，合体！

AR 和 MR 不像 VR 那样会创造出一个全新的世界，这两项技术是在现实空间之上附加一层数字内容，将现实与虚拟相结合。

⊕ 在汽车上使用的 AR

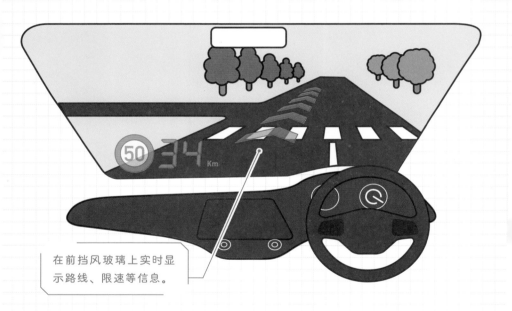

在前挡风玻璃上实时显示路线、限速等信息。

汽车的智能系统捕捉到的信息，会显示在前挡风玻璃上

AR 通过手机、眼镜、液晶显示屏等设备，在真实场景中叠加数字信息。有一种 AR 应用是**在汽车的前挡风玻璃上显示车速、距前车距离等信息**，辅助驾驶员驾驶。

将现实和数字世界结合得更紧密的"AR 的进化型"

MR 能够更精确地读取现实世界的信息，从而把现实世界和数字内容融合在一起，因此也被称为"AR 的进化型"。**当想要在现实世界中添加比 AR 更精确的数字内容时，就会用到 MR。**

⊕ 各种各样的 MR 应用

在建筑施工时运用 MR 眼镜，就可以看到大楼建成之后的样子。

完全和现实融为一体了耶！

这么高啊！

只要改变一下设置……

在别人眼里，我的衣服就不一样了。

他怎么那么时髦啊！

如果戴上 MR 眼镜，会觉得别人穿的衣服每天都不一样，即使是同一套衣服。

根据需求选择不同的 XR

如果你想创造出超现实的体验，就用 VR；如果你想要让现实更加方便，就用 AR 和 MR。

飞上天空、随意变高变大……
一个比现实更自由的世界

在元宇宙，你可以自由改变现实世界中很难改变的外貌和能力，创造自己喜欢的空间。

🌐 可以自由改变样貌和能力的元宇宙

元宇宙中没有重力，你可以在天上自由飞翔。

虚拟形象（Avatar）

在元宇宙或游戏中使用的一些虚拟形象，它们是自己的分身。

"捏"一个喜欢的形象，随意探索吧！

在元宇宙，你可以随意选择发型、服装、五官，"捏"出一个代表自己的虚拟形象。这个虚拟形象不需要和现实中的你相似，甚至可以**完全相反**。尽可能发挥你的想象吧！

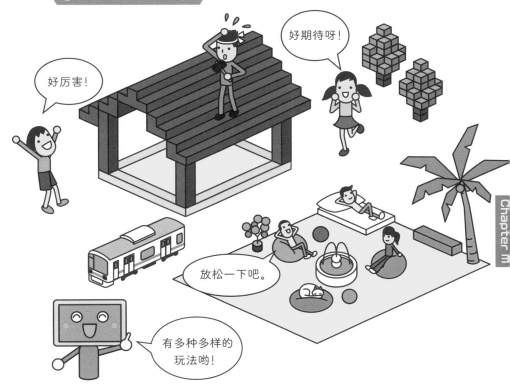

创造自己喜欢的空间!

　　有一种元宇宙服务能让人们**在元宇宙里自由建造、布置空间**。它的玩法多种多样,在其中既可以建造出让人惊叹的宏伟奇观,也可以建造出一个满足自己的舒适空间,摆上自己喜欢的物品,尽情享受。

 DIY 也是乐趣之一

　　在元宇宙及很多类似元宇宙的服务中,都为 DIY(自己动手建造)提供了充分的空间。

在不同的元宇宙，
和不同的朋友聚会

元宇宙不只有一个。根据个人不同的喜好和目的，可以进入不同的元宇宙。

🌐 唯一的元宇宙

如果只有一个元宇宙怎么办？

现实世界只有一个，如果元宇宙也是唯一的会怎么样呢？虽然大家还是可以热热闹闹聚在这个幻想宇宙里，但是每个人的喜好不同，有人可能会不喜欢这个元宇宙。

一起工作的元宇宙。

一起玩乐的元宇宙。

不同用途的元宇宙

　　元宇宙有好多个，志趣相投的人们可以在相应的元宇宙里交流。有一起工作的元宇宙，一起玩游戏的元宇宙，还有专门聊天的元宇宙……

一起努力建造宏伟建筑的元宇宙。

大家一起休息放松的元宇宙。

 元宇宙的平台

大多数元宇宙都是在"平台"（platform）上建造的。

在不经意间，
你可能已经体验过元宇宙了！

就算是不了解元宇宙的人，也可能在不经意间体验过类似元宇宙的游戏。

真惬意啊。

来享受岛上
生活吧！

没有通关目标，
也没有敌人。

钓鱼、做饭、建房子
等等，每个玩家都可以
选择自己喜欢的事情
来做。

没有目标的游戏

　　2020 年发售的某款知名游戏是一款没有通关目标的游戏，玩家可以自由地在岛上生活。这款游戏提供了一个"生活空间"，与其说它是一款游戏，不如说它更接近一个元宇宙。

不只有战斗任务的战斗游戏

有一款射击游戏风靡全球，虽然其中有刺激的战斗环节，但是**玩家也可以在自己的岛上自由建造。**这个模式大受欢迎。因此，这类游戏有时也被认为是一种元宇宙体验。

可选择的虚拟形象很多，这也是卖点之一呢。

你可以玩你自己做的游戏，别人也可以来玩你做的游戏。

自己做游戏自己玩

在有些游戏里，玩家可以自己创造游戏。**大家还可以一起创造一个空间或一起做一个游戏，**就像在秘密基地里集合、玩耍一样。

 做游戏，也是学习

那些能自己进行创造的游戏颇受儿童欢迎，因为玩家在这类游戏中可以一边玩，一边学习编程。在第 5 章里，我们会介绍编程。

能玩耍，能工作，还能学习！
生活在元宇宙中的未来

元宇宙里能做的事情越来越多，甚至有一些现实世界中不存在的新工作在元宇宙里出现了。

⊕ 无所不能的元宇宙

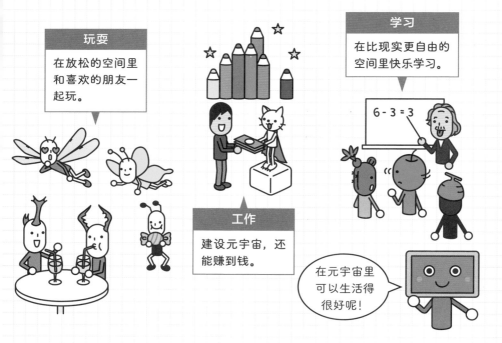

玩耍

在放松的空间里和喜欢的朋友一起玩。

工作

建设元宇宙，还能赚到钱。

学习

在比现实更自由的空间里快乐学习。

6 - 3 = 3

在元宇宙里可以生活得很好呢！

在未来，人类可以搬进元宇宙里生活

人们不仅可以在元宇宙里玩耍，还可以在里面学习、工作。说不定在不远的未来，人们在元宇宙里的时间会比在现实世界的时间更长。

哇！好棒啊！

元宇宙的空间设计师。咨询、设计、施工、支付等事宜都在元宇宙里完成。

元宇宙的空间设计师

虽然人人都可以在元宇宙里自由布置空间，但是也有人不擅长设计，并为此而苦恼。因此，**元宇宙里也有专门设计建筑、房间的设计师。**

元宇宙的虚拟形象设计师

元宇宙里还有一种工作，专门帮人们设计酷炫的虚拟形象，让大家都能以自己喜欢的样子享受元宇宙。人们可以购买现成的作品，也可以请人为自己定制形象。

怎么样？

好可爱耶！

虚拟形象设计师

创造有趣的游戏来赚钱

正如 91 页介绍的那样，在那些可进行创造的游戏里，玩家可以通过直接卖自己创造的游戏或其中的道具来赚钱。

现实中的城镇
开始在元宇宙里出现

元宇宙里不仅有虚拟的城镇，也有现实中的城镇。

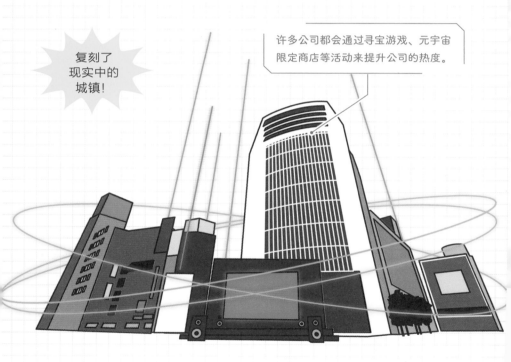

复刻了现实中的城镇!

许多公司都会通过寻宝游戏、元宇宙限定商店等活动来提升公司的热度。

在数字世界中重现现实城镇

如今，在一些国家，**人们已经将一些具有代表性的商圈、城镇等搬进了元宇宙里**。这样一来，全世界的人不管在哪里都可以体验到这些商圈、城镇的魅力了。

独特的元宇宙音乐会

　　一些现实中的城镇被搬入元宇宙中之后，人们不仅可以随时随地尽情欣赏这些城镇的大好风光，感受当地的特色风俗，**甚至可以聆听音乐会，切身体验元宇宙带来的震撼。**

元宇宙独有的华丽演出效果，让音乐会气氛高涨。

空想的元宇宙、现实的元宇宙

　　元宇宙可以创造出不同于现实的空想世界，也可以创造出与现实世界氛围相似的"镜像世界"，还可以创造出两者的混合体。

元宇宙需要
欢乐的世界

在元宇宙时代，很多国家都在为建设元宇宙而努力着，比如日本。日本将一些风靡全球的动画、漫画、游戏等作品贡献给了元宇宙，给人们带来了无数欢乐。

风靡世界的日式欢乐文化

日本的动画、游戏等内容在全世界有许多粉丝。日本很擅长创造欢乐的世界和可爱有趣的角色。

创造欢乐的世界

　　在能自由创造虚拟形象和虚拟空间的元宇宙中，擅长创造欢乐的日本贡献了许多创意。**大家都期待着这样一个未来：在各种元宇宙中，可以看到许多被人熟知的可爱的虚拟形象漫步其中，大家在这样有趣的空间中欢聚一堂。**

⊕ 元宇宙里充满大家熟悉的角色

真好玩啊！

我成了想成
为的角色！

 IP 元宇宙的诞生

　　近两年，已经有一些娱乐公司宣布要利用它们此前创造的 IP（如动画角色和游戏等内容）来打造一个 IP 元宇宙。这个元宇宙可以让喜欢这些 IP 内容的粉丝们在其中进行交流。

AI 的进化
让元宇宙越来越热闹

随着 AI 的不断进化，AI 开始在游戏的世界里大展身手，让元宇宙更加热闹。

⊕ AI 让 NPC* 行动更自然

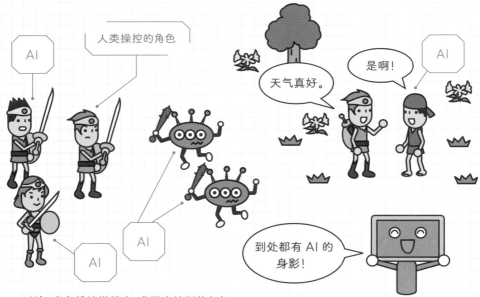

*注：角色扮演游戏中，非玩家控制的角色。

游戏中的 AI

游戏中的许多角色都不是由人类玩家控制的，而是被植入了程序自主行动的 NPC。现在，可以由 AI 来驱动这些 NPC，**让他们能够对游戏中的情况做出自然的反应，并和人类玩家自然地交流。**

无法分辨人类和 AI

好不容易找到了自己喜欢的元宇宙，如果里面没有伙伴，那就太没意思了。**如果元宇宙里有许多和人类举止相似的 AI 虚拟形象的话，**就热闹多啦。

由AI 驱动的虚拟形象

好热闹呀！

不管说什么,AI 都会温柔回应。

好累啊
没关系的
休息也是很重要的!

大家可真暖心！

除了自己，全是 AI！

2020 年面世的 SNS（社交网络）"Under World"是一个除自己以外，其他所有用户都是 AI 的服务器。虽然不是真正的元宇宙，但它作为一个"没有人的 SNS"受到广泛关注。在这里，没有人类之间的争吵，一切都让人舒心。

 AI 使得在元宇宙里创造空间变得更简单

一种新型 AI 正在开发，用户只需要说一句"给我建所房子"之类的话，AI 就能为用户在元宇宙中创建出一所房子。

第3章

元宇宙小测试

1 在元宇宙和游戏里面使用的，用来代表自己的角色叫什么？

A
头戴显示器

B
虚拟形象
（Avatar）

C
空想现实

2 在汽车的前挡风玻璃上实时显示车速等信息的功能用到了什么技术？

A
SR

B
VR

C
AR

3 下列活动有哪些可以在元宇宙里进行？选项不唯一。

A
游戏

B
工作

C
学习

答案见154页

chapter 4
第4章

数字世界里也有很多坏人
信息安全

数字化的未来并不是完美无缺的,
其中也会有坏人利用新技术去做坏事。
我们应该怎样应对呢?
让我们一起来了解如何保护重要的信息。

拥有重要的东西
有时很危险

"信息保安"是用来保护"重要的东西"的，它的三大要素是机密性、完整性、可用性。

⊕ 只有拥有许可的人才能查看信息

只有在公司里的人才能查看信息。

没有许可的人无法查看。

信息安全三要素之机密性

机密性是指，只有拥有许可的人才能查看某些信息。举个例子，如果公司计算机里的"顾客联系方式"或者"新商品设计图"被别家公司的人看见了，就很容易导致信息泄露。**因此，决定信息谁能看，谁不能看，并且遵守这一规定是很重要的。**

信息安全三要素之完整性

完整性是指，保证某些信息的完整和正确。举个例子，如果有人在别人不知道的情况下修改了重要文件的内容，就会带来糟糕的后果。**为了保护数据的完整性，我们需要防止数据被擅自修改或破坏。**

⊕ 防止数据被修改或者被损坏

信息安全三要素之可用性

可用性是指，当有人想使用信息时就能使用。**如果极端遵守机密性和完整性，但想用某些信息的时候却不能用，这一切就没有意义了。**为防止出现这种情况，信息安全活动也包括制定措施，防止计算机因雷击等原因关机，导致数据不能使用。

⊕ 想用的时候就可以用

信息安全的敌人之一——重要的东西

　　在信息安全领域，拥有重要的东西就容易遇到危险。**相比于随处可见的东西，重要的东西更容易被坏人盯上。**但我们不能因此丢弃重要的东西，而是需要认真考虑如何保护它们。

⊕ 重要的也是危险的

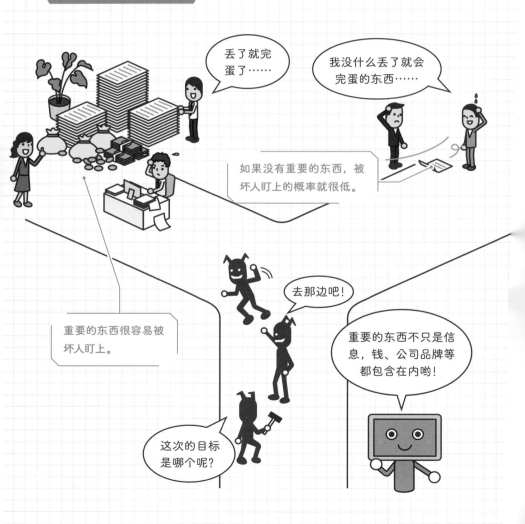

信息安全的敌人之二 —— 威胁

　　会给信息安全带来危险的因素被称为威胁。**威胁分好多种，坏人潜入网络进行攻击会构成威胁，停电导致计算机损坏也会构成威胁。**

啊！

完全没考虑过停电的情况啊！

信息安全的敌人之三 —— 漏洞

　　简而言之，漏洞就是弱点。举个例子，就算公司正门有保安，如果后门没有人看守，就可能有小偷潜入。再如，手机没有锁屏密码也是一种漏洞。

从这里可以进去！

发现漏洞了！

处处都是威胁

　　在意想不到的地方也会有威胁存在。比如，没有恶意的人一不小心删掉了数据，这种事情也时有发生。

第4章-02
坏人会用各种各样的办法实施攻击

　　"网络攻击"（cyber attack）是一种攻击网络或机器的犯罪行为，它通过互联网攻击目标网络机器。实施这种攻击的原因多种多样，如窃取数据或骗取钱财。

⊕ 中毒的计算机

恶意软件上弹出索取钱财的声明。

唉！这是怎么回事？

⚠ **系统已停止运行！**

如需恢复，请转账15000元至以下账号，并联系我们。

为了做坏事而被编写出来的恶意软件（Malware）

　　恶意软件是指那些为了制造麻烦而被制造出来的软件。早期出现的恶意软件大多是为了开玩笑，**但最近越来越多的恶意软件真的会去窃取情报、勒索钱财。**

用大流量访问让服务器过载

让一个原本只能每10分钟承受大约20次访问的网站，每秒承受100次访问，就会超过系统处理的极限，引发故障。这种**用大流量让服务器过载的攻击方式叫 DoS 攻击。**

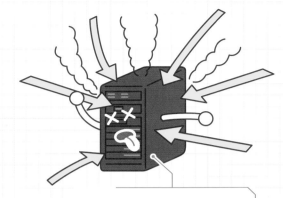

如果访问量超过了服务器的承受能力，服务器的运行速度就会下降，甚至完全崩溃。

这是谁丢了的吧？

当心来路不明的设备

不只网上的东西需要当心，像 U 盘这种存储数据的设备也需要当心。**有的坏人会故意在路上遗弃带有恶意软件的 U 盘，**如果有人捡起 U 盘并插到自己的计算机上，里面的恶意软件就会让计算机中毒。

计算机病毒和恶意软件的差别是什么？

在信息安全讨论中经常提到的计算机病毒是恶意软件的一种，如假装是无害软件侵入计算机的"木马"病毒。

Chapter 5

两种网络攻击方式：
范围攻击型和定向攻击型

网络攻击的方式分为两种：范围攻击型和定向攻击型。其中定向攻击型会花时间仔细调查目标的特征，再发起攻击；而范围攻击型则相反。

⊕ 范围攻击型

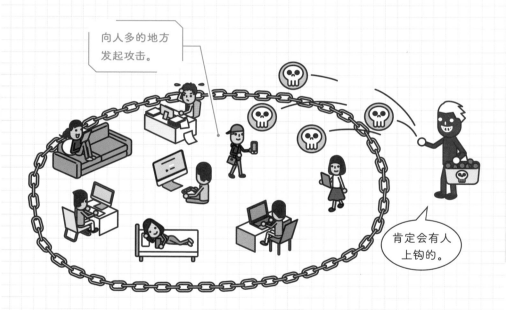

向人多的地方发起攻击。

肯定会有人上钩的。

范围攻击型：只要有人上钩就行

范围攻击型**并不会精确地确定目标，而是随意对大量人群发起攻击**。这类攻击包括将恶意软件伪装成游戏，一旦有人下载游戏就会中招。含有计算机病毒的群发电子邮件也属于此类攻击。

定向攻击型：想攻击某个特定目标

　　定向攻击型是指有特定目标的攻击。当有人想要诈骗他人钱财或从竞争对手公司窃取所需信息时，一般会采取这类攻击。**为了确保行动成功，攻击者一般会事先花时间调查目标的习惯等信息，再发起攻击。**

● 定向攻击型

先好好调查一下。

确定目标后，围绕目标制定具体的策略再发起攻击。

总结一下目标的特征吧。

 在常去的"水源地"伏击目标

　　有一种攻击方式被称为"水坑攻击"。攻击者会在目标用户常访问的网站——即"水源地"部署恶意程序，当目标访问这些网站时就会中招。

也要当心
不使用数字技术的攻击

信息安全不仅仅要防范那些用计算机和互联网做坏事的人，还要防范一种叫作"社会工程学*"的"攻击"，它不使用数字技术，但同样可以窃取重要的信息。在日常生活中也要小心这类攻击！

*注：社会工程学是在信息安全方面操纵人的心理，使其泄露机密信息。

⊕ 偷看密码

随时注意周围的情况。

从肩膀后方偷看，记下重要信息。

在屏幕外也有坏人

有一种叫"肩窥"（shoulder hacking）的攻击，坏人会从你的肩膀后方偷看你的计算机或手机屏幕，试图记下密码之类的重要信息。为了防止这种情况发生，除了要警惕周围的人，还可以给计算机或手机的屏幕贴一种特殊的防窥膜，这样别人就很难看清你的屏幕了。

垃圾桶里有许多坏人想要的信息

　　还有一种叫作"拾荒"（scavenging）的攻击，是从垃圾桶里翻找重要信息。**如果把内含重要信息的废弃文件完整地丢进垃圾桶，就相当于直接把它们交给了坏人。**因此，包含重要信息的文件需经过粉碎处理之后才能丢掉。

瞄准废弃信息的坏人

没用了，扔掉吧。

账单

合同

新策划（暂定）

废弃文件里可能包含很多重要信息，包括金钱往来记录、聊天记录等。

有好多宝贝啊！

 用于攻击前准备的社会工程学

　　社会工程学能帮助坏人获得目标的详细信息，定向攻击时经常会用到。

Chapter 4

坏人的永恒目标
——密码

解锁手机、登录网站都会用到密码，因此坏人的目标常常在此。

⊕ 密码陷阱

密码很容易成为目标

为了方便记忆，大家一般会把密码设置成与姓名、生日相关的数字，但这也很容易被坏人猜到。**如果设置了复杂的密码并记录在纸上，一旦这张纸被坏人捡到，密码就会暴露。**

"穷举攻击"：
试遍所有可能性

　　盗密码的坏人有一种攻击方法，叫"穷举攻击"。例如，坏人捡到了一部手机，锁屏密码一共四位。从"0000"试到"9999"一共有 10000 种组合，只要一个一个试，总能找到正确的密码。

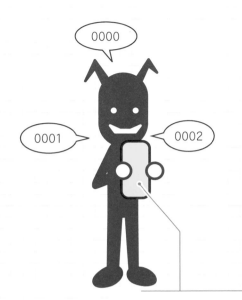

不断尝试，直到找到正确的密码。

不断尝试，直到找到用"1234"做密码的人。

"逆向穷举攻击"：
找出不谨慎的人

　　有些人为了好记，会设置简单的密码。瞄准这种人的攻击就叫"逆向穷举攻击"。举个例子，坏人事先选定一个简单的密码，然后在多部手机上都用这个密码尝试解锁，只要试的手机足够多，总会发现能解锁的手机。

多种身份认证方式

密码是最常用的身份验证方法，但除此之外还有其他方法。例如**使用钥匙或 IC 卡等物品进行身份验证的"所有物认证"，以及使用指纹或脸部等特征进行身份验证的"生物认证"**。人们正在不断研究如何使认证过程更便捷、更准确。

主要的认证方式

知识认证

・密码
・个人识别码
・暗号等

利用当事人"知道"的信息来确认是否是本人。

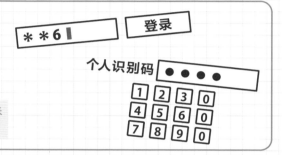

所有物认证

・钥匙
・IC卡
・手机等

利用当事人"持有"的东西来确认是否是本人。

生物认证

・指纹
・脸
・声纹等

利用当事人"拥有"的身体特征来确认是否是本人。

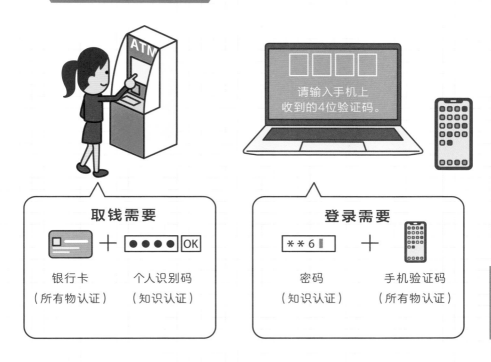

多重要素认证的例子

取钱需要

银行卡
（所有物认证）

＋

个人识别码
（知识认证）

登录需要

密码
（知识认证）

＋

手机验证码
（所有物认证）

请输入手机上
收到的4位验证码。

多种认证方式组合起来，更加安全

　　将多种认证方式结合起来使用，如有些认证需要"密码＋IC卡"，就是所谓的多重要素认证。组合认证的方式可以提高安全性，比如，**就算密码被坏人知道了，但是没有IC卡也不能登入。**

"两步认证"不是多重要素认证

　　有一种类型的认证会让你输入两种密码。一样的认证方式它使用了两次，所以这类认证不是多重要素认证，而是"两步认证"。在使用这种认证方法时，我们要注意把两个密码分别记录在不同的地方，否则如果其中一个密码泄露，另一个也会泄露。

115

一旦发现设备出现可疑问题，立刻"隔离"它！

如果你发现使用的机器有异常行为，就立刻切断它的网络吧！

⊕ 随着网络扩散的恶意软件

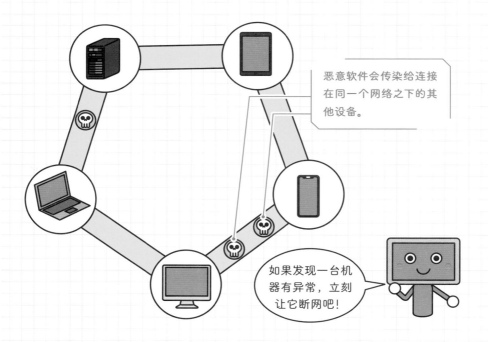

恶意软件会传染给连接在同一个网络之下的其他设备。

如果发现一台机器有异常，立刻让它断网吧！

就像感冒病毒一样会传染

感染了恶意软件的计算机如果放着不管，很可能会把恶意软件"传染"给同一个网络下的其他设备。为了防止这样的事情发生，**一旦发现设备有异常，首先要让它断网。**

有问题，问 CSIRT

学校、公司等大型组织为了防止大规模事故发生，一般会设立专门处理网络安全问题的团队。这种团队统一被称为 CSIRT（Computer Security Incident Response Team），也就是企业级计算机应急响应小组。

保护信息安全的CSIRT

 即使是小事故也不能隐瞒

如果你在浏览与课程无关的网页时发生了安全事故，你有可能不想报告。但如果任其发展，损失可能会进一步扩大。因此，无论事件多小，都不应该隐瞒。

汽车忽然大暴走！
——物联网潜在的风险

虽然物联网为我们描绘了一个万物互联的美好未来，但是连上了互联网，也就意味着会有潜在的风险。

⊕ 被劫持的自动驾驶汽车

怎么回事？！

汽车连入互联网后可能会被坏人劫持，突然失控。

连上互联网的风险

物联网让我们的生活变得更加方便，但是互联网连接了全世界的人，其中也有很多坏人。要知道，**互联网虽然方便，但也让坏人更容易找到我们。**

真实存在的物联网恐怖分子

　　物联网设备受到攻击的事件已经发生过很多起了。2016 年，越南的河内内排国际机场和胡志明市新山一国际机场同时遭到网络攻击，系统瘫痪，整个机场陷入恐慌。**当时，机场的电子屏幕和广播都被劫持了，持续播放奇怪的画面和声音。**

⊕ 机场的物联网设备被劫持

 专门攻击物联网设备的恶意软件

　　Mirai 这种恶意软件主要以物联网设备为目标。它们劫持大批量物联网设备，形成"僵尸网络"（botnet），借此发动大规模网络攻击。

建造墙壁，
抵御外来攻击

为了防止来自外部网络（外网）的攻击，在设备上安装防火墙与杀毒软件十分必要。

⊕ 防火墙示意图

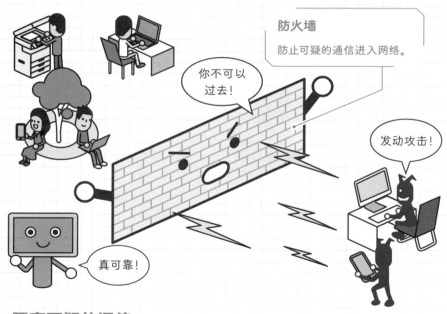

防火墙
防止可疑的通信进入网络。

你不可以过去！

发动攻击！

真可靠！

隔离可疑的通信

防火墙一般会安装在公司或学校等内部网络（内网）与互联网的接口处，用来隔离来自外部的可疑通信。举个例子，**把某个可疑的 IP 地址（互联网中设备的独特地址）加入防御列表后，防火墙就能抵御来自这个地址的攻击。**

守护计算机，防止外来恶意软件的攻击

计算机上安装的"杀毒软件"也是用来抵挡外界攻击的。**为了保护大家的计算机，制造杀毒软件的公司一直在研究新型恶意软件。**

⊕ 杀毒软件

📝 光靠工具还不行

有了防火墙和杀毒软件并不意味着设备就完全安全了！我们还需要养成一些良好的上网习惯，比如不随便打开看起来奇怪的文件，也不要访问那些看起来奇怪的网站，这样我们的设备才能更安全。

外部网络很危险，但内部网络也不能尽信

现在有一种叫作"零信任"（zero trust）的理念，它假定所有通信——不管是来自内网还是外网——都是危险的。

🌐 内网也埋伏着许多陷阱

账户：00344
密码：ab43i6

计算机上贴着写有密码的便笺。

把来路不明的 U 盘插入公司计算机。

用自己的手机查看公司内部信息系统。

内部网络也很危险

在很长时间里，人们认为信息安全的威胁主要来自外网。但是最近越来越多的人意识到，**不管是内网还是外网，都很危险**。这种想法就叫作"零信任"。

"云"与远程工作，改变了信息安全的常识

正如 32 页和 33 页的介绍，**随着"云服务"的普及，公司内部的信息和外网的联系越来越多。**与此同时，远程工作也开始普及，越来越多的人需要通过外网访问公司内网。就这样，内网和外网的区分越来越不明显了。在"零信任"的理念下，我们认为所有通信都有可能存在危险，因此所有的访问都需要严格的认证机制。

⊕ 内网和外网越来越难区分了

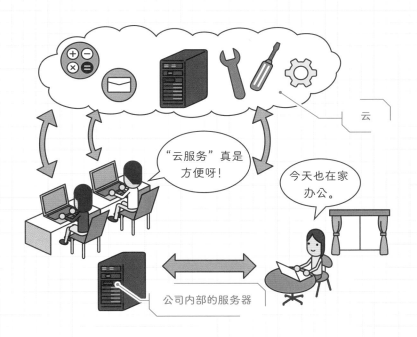

"云服务"真是方便呀！

今天也在家办公。

云

公司内部的服务器

 "内、外网模型"与"零信任模型"结合使用

因为"零信任模型"要求严格监视来自内网和外网的所有访问，所以管理起来有点困难。因此，可以结合传统的"内、外网模型"，根据具体情况决定采用哪些认证措施。

给遵守信息安全规则的人一点小奖励

随着越来越多的人认识到信息安全的重要性，对安全负责人和漏洞发现者的评价机制也开始逐渐完善。

⊕ 没有事故是理所当然的事情吗？

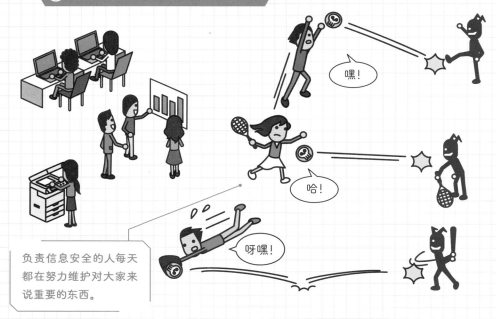

嘿！

哈！

呀嘿！

负责信息安全的人每天都在努力维护对大家来说重要的东西。

守护者几乎不会得到赞赏

现在大家能每天安全地使用网络系统，其实是一个奇迹，这离不开信息安全保护人员的巨大努力，以及每个人对信息安全的重视。但是，很多人都对信息安全保护人员的努力熟视无睹，认为不发生事故是理所当然的事情。

给发现漏洞的人一些小奖励

　　有些公司会给发现并报告公司内部系统和产品安全漏洞的员工一定的的报酬作为奖励。像这样**给信息安全的贡献者建立一个合理的评价机制，也是很重要的事。**

⊕ **全体公司职员一起守护信息安全**

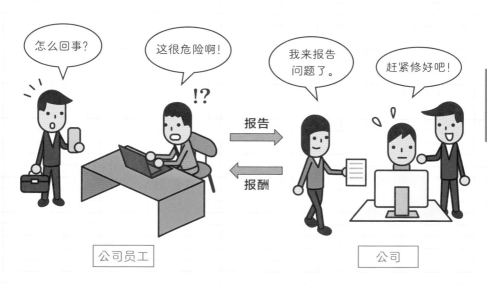

 奖赏发现漏洞的外部人员，这个机制由来已久

　　让公司外的人帮忙发现系统漏洞并给予奖金是一个很常见的公司机制，它被称为"漏洞悬赏计划"（bug bounty）。亚马逊等许多公司都有这个机制。

第4章

信息安全
小测试

1 通过互联网攻击其他网络的机器，这种犯罪行为叫什么？

A
网络攻击
（cyber attack）

B
互联网攻击

C
恶意软件

2 不使用数字技术来偷取重要信息的手法叫什么？

A
水坑攻击

B
社会工程学

C
密码攻击

3 像"密码+IC卡"这样结合不同类型认证方法的认证叫什么？

A
两步认证

B
多重要素认证

C
拾荒

答案见154页

chapter 5
第5章

让计算机运转起来吧!

编程

所有数字技术都是由程序驱动的。
要创造数字化的未来,编程必不可少。
让我们一起学习能够让计算机运转起来的编程吧!

第5章-01

计算机程序就像
运动会赛程一样

驱动计算机运转的程序（program）和运动会的赛程（program）原理类似。编程并没有大家想象的那么复杂。

🌐 运动会赛程

下个项目是什么？

下个项目是拔河！

AB小学运动会赛程

1.入场

2.开幕式

3.体操

4.1~3年级50米跑

5.4~6年级100米跑

6.丢沙包

7.拔河

运动会赛程会把计划举行的项目一项项按顺序列出。

关键是"从上往下按顺序进行"！

按顺序写下要做的事情

运动会的赛程表会记录从开始到结束的所有项目，计算机程序差不多也是这样。简单来说，程序就是按顺序规定想让计算机做的事情。

程序分为三种基本类型

只要记住以下三个基本的程序类型，你就能开始写简单的程序了。除了按顺序执行的任务，还可以执行"分支"任务，就是根据不同情况做不同的事；还可以让计算机反复执行同一个任务。

⊕ 程序的三种基本类型

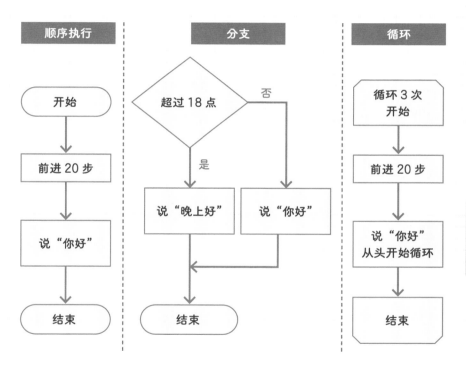

 "意大利面代码"是什么？

没有条理、难以阅读的程序被称为"意大利面代码"，顾名思义，它们就像一团缠在一起的意大利面一样混乱。如果一个程序只有编写它的人才能看懂，就会出现难以修正、难以维护等诸多问题。

不给出详细指令的话，
计算机就无法工作

如果像对待人类一样随意给计算机下指令，计算机是完全听不懂的。计算机必须收到清晰明确的指示，比如"做什么""什么时候做""怎么做"等，才能正常工作。

⊕ 如果给人类和计算机下一样的指令，会怎么样？

计算机听不懂模糊的指令

"洗一下碗"这个要求，其实是指"把放在台面上的脏碗、脏盘子，用海绵蘸上洗洁精洗一下"。在给计算机下指令的时候，**如果只说"洗一下碗"，计算机是完全听不懂的，**必须把完整的步骤告诉计算机。

把想要它做的事情按步骤分解成小指令

对人类来说，当别人想让我们做某件事时，我们会自己分析先后步骤。但是计算机做不到这一点。因此，**为了让计算机能顺利完成某件事，我们需要把想让它做的事情拆分成一个个小步骤，再按顺序告诉它。**

就算写成这样，计算机还是很难执行。它会有类似于"水龙头的水要开多大""挤多少洗洁精"之类的问题。

毫无差错地反复执行是计算机的强项

一旦一个程序跑通了，计算机就能高效无误地反复执行它，这就是计算机的长处。我们之所以要费大力气把人类能立刻理解的指令拆分成详细的小步骤让计算机来做，就是为了这一点。

131

如何让计算机
画出一个正方形？

要编写一个画正方形或者三角形的程序，我们必须先了解正方形或三角形的特征。

⊕ 画正方形的程序

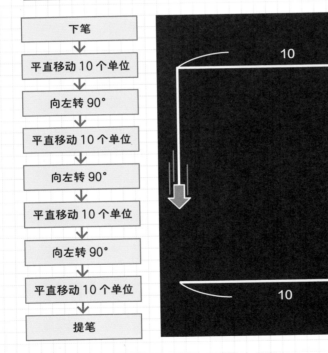

| 下笔 |

↓

| 平直移动 10 个单位 |

↓

| 向左转 90° |

↓

| 平直移动 10 个单位 |

↓

| 向左转 90° |

↓

| 平直移动 10 个单位 |

↓

| 向左转 90° |

↓

| 平直移动 10 个单位 |

↓

| 提笔 |

正方形是什么？

如果想让计算机画一个正方形，你需要给出如上的指令。如果你不知道正方形的特征是所有边长度相等，以及四个内角都是直角，你就无法写出正确且可操作的程序。

用编程了解正三角形的原理

当我们想让计算机画一个正三角形时，我们首先需要明确正三角形的特征：每条边的长度相等，三个内角都是 60°。但是**如果我们给计算机下一个"向左转 60°"的指令，是无法得出正三角形的**。为什么呢？

🌐 **画正三角形的程序**

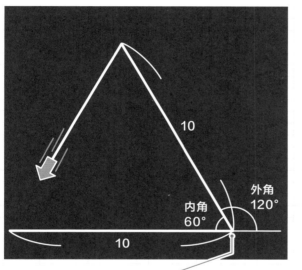

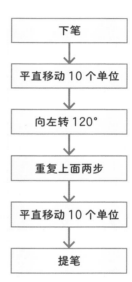

下笔

↓

平直移动 10 个单位

↓

向左转 120°

↓

重复上面两步

↓

平直移动 10 个单位

↓

提笔

如果这里的提示是"左转 60°"，
线的走向就不对了。

写指令真是
不简单啊！

试着写出能够轻松重复的程序吧！

当我们需要计算机重复做一些事情的时候，试着多用用 129 页介绍的"循环"方法吧！这种程序更加易读、更少出错。

和计算机交流时，
需要用特定的语言

"编程语言"是人类语言和计算机语言之间的桥梁，当我们想用程序驱动计算机时，就需要用到它。

⊕ 编程语言的例子

编程语言大多是由英文及符号组成的。

```
#include <stdio.h>
int main (void)
{
        printf ("hello, world/n");
}
```

计算机既不懂中文、日文，也不懂英文

计算机无法理解我们人类平常用的语言。只有当我们把需求用编程语言写成指令输入计算机，计算机才能按照我们的想法行动。**编程语言有好多种，但大多数是由英文和数学算式、符号构成的。**

编程语言是人类语言和机器语言之间的桥梁

其实，计算机也无法直接理解人类写的编程语言，**因为计算机使用的语言是机器语言。**

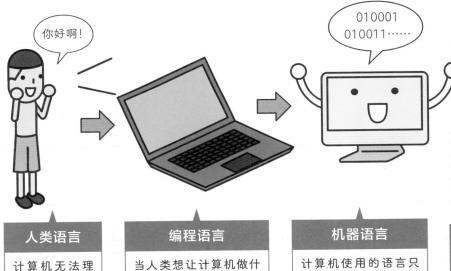

人类语言和机器使用的语言

你好啊！

010001
010011……

人类语言

计算机无法理解中文、英文等人类日常使用的语言。

编程语言

当人类想让计算机做什么事时，会和计算机说编程语言。编程语言可以被翻译*成机器语言，再传达给机器。

机器语言

计算机使用的语言只有0和1两个数字。人类很难直接阅读机器语言。

*可以用编译器（compiler）或者解释器（interpreter）来翻译。

 能不能直接把中文翻译成机器语言？

所有人类使用的语言，包括中文，都会有歧义问题——在不同语境下，一个词的意思可能会变。因此，把人类语言直接翻译成机器语言是一个巨大的挑战。不过，目前最先进的 AI 已经能够做到把人类的语言、草图直接转化为编程语言和机器语言，虽然还会出错，但是已经迈出了一大步。

▶ 第5章 - 05

多种多样的编程语言

世界上有很多种编程语言，每种语言各有千秋。让我们一起来看看不同编程语言的特点吧。

想不到吧，哪里都有我！

万能选手——C 语言

C 语言是编程语言中应用范围最广的语言。**从空调、冰箱等家电，到手机上的应用程序，到处都有它的身影。**C 语言起源于 1972 年，虽然这种语言相对比较古老，但因为它更具通用性，所以一直延用至今。C 语言还派生出了 C++ 和 C# 语言。

AI 时代的明星选手——Python

Python 常用在 AI 程序中，它作为引领 AI 时代浪潮的编程语言备受瞩目。Python 诞生于 1991 年，是一种相对年轻的编程语言，因此它解决了一些老编程语言未能解决的问题。这也是它受欢迎的原因之一。

Chapter 01

一次编写，到处运行——Java

基本上所有语言写的程序，都只能在特定的操作系统*上运行。但是用 Java 写的程序是在计算机中的虚拟机上运行的，所以一个 Java 程序能适用于各种各样不同的操作系统，包括笔记本、手机等。

*操作系统是计算机运行的基本软件，如Windows、MacOS等。

让网页变华丽
——JavaScript

JavaScript 多用于网页。一个网站如果只有图片和文字呆板地排列着会有点无聊，**但如果用上 JavaScript，就能给图片和设计加上动画效果，让网页充满动感。**注意，虽然 JavaScript 和 Java 的名字有点像，但是它们之间毫无关系。

网页变好玩啦！

能让网页动起来的 JavaScript。

特别擅长于把不同系统连接起来，比如在网页上加入地图。

让我们一起玩吧！

诞生于日本的语言
——Ruby

Ruby 是一种 1995 年诞生于日本的编程语言，它以简洁为特征。Ruby 既能**用来写企业内部系统这样的大程序，也很擅长用来写那种整合了各种系统的程序。**

如果要给苹果的产品写软件——Swift

　　Swift 是美国苹果公司开发的编程语言。**在 iPhone、Mac 等苹果产品上运行的应用程序，大多都是用这个语言写的。**Swift 的一大特征是能让开发者在写程序的过程中，在实机上预览运行效果。

 只要学会了一种编程语言，其他的也能触类旁通

　　虽然编程语言有许多种，但是原理都是类似的。只要精通了其中一种语言，其他语言也能很快上手。

第5章-06

有的语言让编程
像搭积木一样简单

组合图块、连接图标就能创造出程序——这种程序语言叫可视化编程语言。许多小学课堂会用到的 Scratch 就是一个例子。

⊕ 可视化编程语言分类

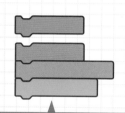

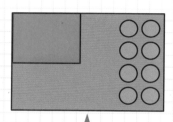

特殊规则型

根据每一个工具的特定功能，创造出程序。
例：Viscuit

搭积木型

把写着指令的积木一层层往上垒，创造出程序。
例：Scratch

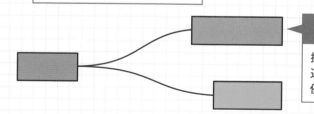

连线型

把写着指令的图块用线连在一起，创造出程序。
例：Mesh

不用英语，也没有数学等式！

对初学者来说，要记住 C 或者 Python 的语法不是件简单的事情。但是可视化编程语言不需要记住重复的语法，可以通过简单的操作理解编程的原理。

像搭积木一样写程序——Scratch

　　Scratch 是一种工具，**通过堆叠写有中文指令的积木，如"移动X 步"和"旋转 X 度"，就可以移动角色和物品了。**它的界面虽然看起来像游戏一样简单，但如果不好好遵守 128~129 页介绍的编程基础原则的话，就无法让角色以预想的方式动起来。

选择左侧写着指令
的图块，拖到中间
叠起来。

角色会根据堆叠的
指令行动。

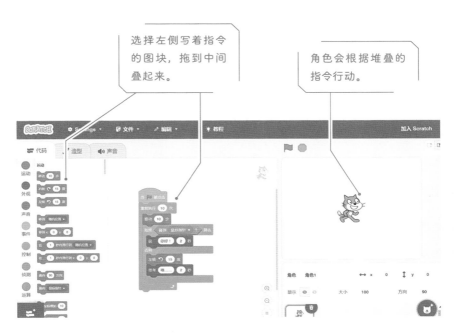

129页介绍的"分支"和"循环"都可以用它实现。

 从热门游戏里诞生的可视化编程语言

　　有些热门游戏的开发者们会顺势推出该游戏的教育版，在教育版中，玩家们可以一边享受游戏，一边学习简单的编程。

为什么全世界的人都在学编程？

现在全世界有很多小学都设置了编程课。学编程除了能让计算机运转起来，还能让人掌握许多其他技能。

⊕ 小学里的编程课

目标不是"写出好程序"

近几年，编程教育开始进入小学。这门课程的目标是让孩子们掌握编程思维，并不是为了掌握某种特定的编程语言，写出好的程序。

能够进行逻辑思考

和计算机对话与和人类对话不同，你给出的指令必须清晰准确。如果这个指令里的逻辑稍有问题，计算机就无法像你预想的那样工作。一旦掌握了编程思维，当你在解决问题的时候，就能很轻松地用逻辑推理出正确的解决方法。

⊕ 画正三角形的程序出错了

为什么呢？

是不是因为这个！？

向左转120°

原来如此！

下笔
平直移动10个单位
向左转60°
平直移动10个单位

发现问题、解决问题的能力

写程序的目的是解决问题。问题可能包括"计算太费时间精力了"，或者"网站好难用"，而编程能解决这些问题。因此，**编程能够培养发现问题、解决问题的能力**。

做事情必备的管理能力

当要解决一个大问题的时候，需要很多人合作进行编程，这时就需要良好的管理了。为了能顺利完成这个程序，**你需要决定让谁在什么时候完成什么事情**。管理能力很重要，不管你未来做什么事情，这种能力都能派上用场。

编程是在与计算机交流

　　人类可以使用很多语言，但是计算机只懂得 0 和 1。正因为人与计算机如此不同，所以传达指令才那么困难。编程可以是一种很好的练习，它教我们如何与拥有不同文化背景的人有效地交流思想、传达自己的需求。

 全世界都在学习编程

　　现在，有不少国家都已经将编程纳入了小学课程。未来，编程课程将在基础教育中更为普及。

不管多么神奇的数字技术，
都是由编程创造出来的

不管多么便捷的数字技术，都不是魔法，而是由人编写出来的。让我们带着这种想法，来了解一下它们是如何运行的吧。

⊕ 智能手机是程序的集合体

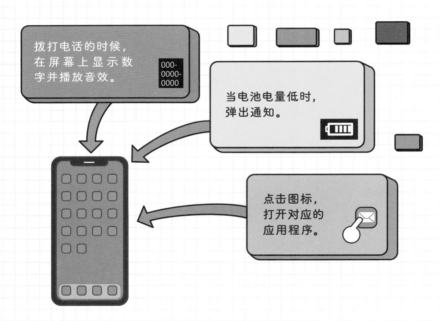

数字技术不是魔法，而是详细指令的集合

当今时代，智能手机能做各种各样的事情，这些都是通过一个个简单的小程序实现的。虽然它看起来拥有复杂到你无法想象的功能，但说到底，**这一切都是通过把需求拆分成一句句详细的指令告诉计算机，让计算机来实现的。**

如果抱着"我肯定搞不懂"的想法，就无法驾驭数字技术

如果你认为"太复杂了，我搞不懂这些数字技术"，那么当它出现故障，或是你想要改进它的时候，就会束手无策。**要知道，不管数字技术看起来有多复杂，它都是由人能理解的程序编写出来的。要相信自己。**

完蛋啦！

计算机坏掉了却不会修

如果你认为系统是像魔法一样会自己启动和维护的，那么当它突然坏掉的时候，你就会不知所措。

怎么回事？

我想让它更方便，但是……

无法改善

如果不知道系统是以什么原理运转的，就不知道怎么改进系统。

不知道怎么办，算了吧。

 了解得越多，恐惧就越少

每当有新技术出现时，都有许多人担心自己会被新的技术替代。但了解过这些数字技术的原理之后，担心和不安就会减少很多。

精通编程，
就能改变世界吗？

有许多人比世界级 IT 公司的高层更擅长编程。比起精通编程，更重要的事情是什么呢？

⊕ 自己不写程序的互联网创业者

史蒂夫·乔布斯

他创立了苹果公司，推出了Mac、iPhone等许多优秀的电子产品，让世界为之惊叹。但是在开发产品的时候，乔布斯很少自己编写程序。

杰夫·贝索斯

他成立了著名的互联网电商公司亚马逊。据说，贝索斯只在刚成立亚马逊的时候自己写过程序。

不写程序却改变了世界的人

像乔布斯和贝索斯这样，创造了改变世界的数字技术但自己不写程序的商人还有很多。要想用数字技术改变世界，**只有精湛的技术是不够的，想法更加重要**。

实现想法需要的编程知识

有想法很好，但要用它改变世界，还需要编程技术过硬的人来实现。好不容易想到一个好点子，如果不知道用什么编程原理来实现的话，就很难完成它。

⊕ 用"好的想法"和"编程知识"来改变世界吧！

要用数字技术改变世界，你需要同时拥有好想法，以及能够实现这个想法的编程知识。

 目标是成为能和程序员直接对话的设计师

乔布斯和贝索斯成功的关键，是能把自己的想法很好地传达给程序员。

第5章

编程
小测试

1 计算机使用的只有0和1的语言是什么?

A	B	C
C语言	编程语言	机器语言

2 以下哪种语言是创造AI时常用的语言?

A	B	C
Scratch	Python	JavaScript

3 以下哪种编程语言是通过组合图块、连接图标等方式来编写简单程序的?

A	B	C
Ruby	可视化编程语言	Swift

答案见154页

小测试答案

图书在版编目（CIP）数据

未来生活图鉴 /（日）冈屿裕史编著；林沁译 . —
昆明：晨光出版社，2024.8
ISBN 978-7-5715-2340-4

Ⅰ.①未… Ⅱ.①冈… ②林… Ⅲ.①数字技术 - 青
少年读物 Ⅳ.① TN-49

中国国家版本馆 CIP 数据核字（2024）第 100629 号

Original Japanese title:DIGITAL NO MIRAIZUKAN
© 2023 Yushi Okajima/ G.B. Co. Ltd.
Original Japanese edition published by G.B. Co. Ltd.
Simplified Chinese translation rights arranged with G.B. Co. Ltd.
through The English Agency（Japan）Ltd. and CA-LINK International LLC

著作权合同登记号 图字：23-2023-109 号

WEILAI SHENGHUO TUJIAN

未来生活图鉴

［日］冈屿裕史 / 编著　林沁 / 译

出 版 人　杨旭恒

选题策划　王小花
责任编辑　李　政

出　　版　晨光出版社
地　　址　昆明市环城西路 609 号新闻出版大楼
邮　　编　650034
发行电话　（010）88356856　88356858
印　　刷　北京顶佳世纪印刷有限公司
经　　销　各地新华书店
版　　次　2024 年 8 月第 1 版
印　　次　2024 年 8 月第 1 次印刷
开　　本　145mm×210mm　32 开
印　　张　5
ISBN　978-7-5715-2340-4
字　　数　62.5 千
定　　价　49.80 元

退换声明：若有印刷质量问题，请及时和销售部门（010-88356856）联系退换。